21世纪高等职业教育计算机技术规划教材

21 ShiJi GaoDeng ZhiYe JiaoYu JiSuanJi JiShu GuiHua JiaoCai

U0318007

计算机应用基础

（Windows 7+Office 2010）

JISUANJI YINGYONG JICHU

徐翠娟 杨丽鸿 主编

陆璐 杨韧竹 张刚 副主编

孙百鸣 主审

人民邮电出版社

北 京

图书在版编目（CIP）数据

计算机应用基础：Windows 7+Office 2010 / 徐翠
娟，杨丽鸿主编. -- 北京：人民邮电出版社，2015.10（2018.11重印）
21世纪高等职业教育计算机技术规划教材
ISBN 978-7-115-40431-2

Ⅰ．①计… Ⅱ．①徐… ②杨… Ⅲ．①Windows操作系
统－高等职业教育－教材②办公自动化－应用软件－高等
职业教育－教材 Ⅳ．①TP316.7②TP317.1

中国版本图书馆CIP数据核字(2015)第219052号

内 容 提 要

本书以突出"应用"、强调"技能"为目标，针对高职高专院校非计算机专业计算机基础知识的教学要求，参考黑龙江省计算机等级考试大纲的最新要求，向学习者系统地介绍了计算机基础知识、Windows 7操作系统、文字处理软件 Word 2010、电子表格软件 Excel 2010、演示文稿制作软件 PowerPoint 2010、计算机网络知识及应用以及几种常用工具软件的使用。

本书适合作为各类高职高专院校非计算机专业的教材，也可作为计算机等级考试的辅助教材或自学参考书。

◆ 主　编　徐翠娟　杨丽鸿
　　副主编　陆　璐　杨韧竹　张　刚
　　主　审　孙百鸣
　　责任编辑　范博涛
　　责任印制　杨林杰

◆ 人民邮电出版社出版发行　北京市丰台区成寿寺路 11 号
　　邮编 100164　电子邮件 315@ptpress.com.cn
　　网址 http://www.ptpress.com.cn
　　固安县铭成印刷有限公司印刷

◆ 开本：787×1092　1/16
　　印张：17.5　　　　　　2015 年 10 月第 1 版
　　字数：466 千字　　　　2018 年 11 月河北第 11 次印刷

定价：42.00 元
读者服务热线：(010)81055256　印装质量热线：(010)81055316
反盗版热线：(010)81055315

前　言

本书根据教育部高等教育司 2012 年 5 月组织的"大学生计算机"课程改革研讨会的精神和目前计算机基础教育教学改革的新理念、新思想、新要求，以培养学生计算机应用能力为导向，以突出"应用"和强化"技能"为目标，结合编者多年的教学改革实践和建设成果编写而成。本书根据高职教育的特点，突出计算机应用基础的实践性、实用性，采用 Windows 7+Office 2010 版本为写作平台。

"计算机应用基础"课程对于高等职业教育的学生来说，既是公共基础课，又是一门基本技能培养与训练的课程。本课程一方面是使学生掌握有关计算机的基本常识，另一方面是训练学生操作计算机的基本技能。考虑到读者群的特点，在教材编写中融入了大量案例，力求实现实践技能与理论知识的融合。

本书具有以下特点。

● 内容简明扼要，结构清晰，讲解细致，突出可操作性和实用性。

● 案例丰富，图文并茂，简明易懂，与知识点紧密结合。

● 本书有与之配套的实训教材，实训项目符合专业特点，针对性强，突出对学生动手能力、应用能力和技能的培养，配有丰富的不同难易程度的测试练习题，供教师和学生进行测试和练习。

全书共分 7 章，内容密切结合本课程的基本教学要求，兼顾计算机软件和硬件的最新发展，结构严谨，层次分明，叙述准确，为教师发挥个人特长留有较大的余地。在教学内容上，各高校可根据教学学时、学生的基础进行选取。

本书由徐翠娟、杨丽鸿任主编，负责全书的总体策划、统稿与定稿工作，陆璐、杨韧竹、张刚任副主编。本书第 1 章、第 2 章由徐翠娟编写，第 4 章、第 6 章由杨丽鸿编写，第 3 章由陆璐编写，第 5 章由张刚编写，第 7 章由杨韧竹编写。本书的编写人员均是从事高等职业教育的一线专职教师，对于计算机基础教学具有丰富的教学经验，书中很多内容就是对实践教学经验的总结。

由于编者水平有限，书中难免存在不足和疏漏之处，敬请读者批评指正。

编　者

2015 年 7 月

目 录 CONTENTS

第 1 章 计算机基础知识 1

第 2 章 Windows 7 操作系统 24

第3章 Word 2010 文字处理软件 62

第4章 Excel 2010 电子表格处理软件 119

第 5 章　PowerPoint 2010 演示文稿制作软件　170

第 6 章　计算机网络技术基础　199

第 7 章　常用工具软件　227

参考文献　271

PART 1

第 1 章
计算机基础知识

计算机（Computer）俗称电脑，是一种能够在其内部存储的指令控制下自动执行程序、快速而高效地完成对各种数字化信息处理的电子设备。计算机是 20 世纪最伟大的科学技术发明之一，它的出现和发展极大地推动了科学技术的发展，标志着人类社会进入了信息社会。

计算机问世之初，主要应用于数值计算，"计算机"也因此得名。随着计算机技术的迅猛发展，计算机不再局限于数值计算，而能够用于处理各种各样的信息，如数字、文字、表格、声音、图像、动画等。目前，计算机应用几乎渗透到人类社会的各个领域，从科学计算、数据处理、自动控制、计算机辅助设计等都离不开计算机这个强大的工具。因此，普及计算机基础知识为现代人所认可。

本章主要介绍计算机的基础知识，包括发展历史、计算机的应用与分类、计算机系统的组成、进位计数制及其相互转换和计算机的安全防护等内容。

1.1 计算机概述

1.1.1 计算机的发展历史

1946 年 2 月 14 日，世界上第一台电子计算机 ENIAC（Electronic Numerical And Calculator）在美国宾夕法尼亚大学研制成功，如图 1-1 所示。这台计算机以电子管为主要元件，共使用了 18000 个电子管、1500 个继电器以及其他元件，重达 30 吨，占地 170 余平方米，耗电 140 千瓦/时，运算速度为每秒 5000 次的加法运算。

图 1-1 世界上第一台计算机

从第一台计算机诞生至今已过去 60 多年了,计算机技术以惊人的速度发展着。首先是晶体管取代了电子管,继而是微电子技术的快速发展,使得计算机的体积越来越小,功能越来越强,计算机的运算速度和存储容量迅速增加。

通常,人们根据计算机采用的元器件的不同,将计算机的发展分为四个阶段。

1.第一阶段:电子管计算机(1946—1958 年)

电子管计算机也称为第一代计算机,这一阶段计算机的主要特征是采用电子管作为基本器件,体积大、耗电量大、速度慢(一般为每秒数千次至数万次)、存储容量小、可靠性差、维护困难且价格昂贵。在软件上,通常使用机器语言或者汇编语言来编写应用程序,主要应用于科学研究和军事领域。

2.第二阶段:晶体管计算机(1958—1964 年)

晶体管计算机也称为第二代计算机,这一阶段计算机的主要特征是其硬件逻辑元件采用晶体管,相对电子管而言,晶体管体积小、能耗降低、可靠性提高,运算速度加快(每秒数十万次至数百万次),这些都极大地提高了计算机的性能。软件方面出现了以批处理为主的操作系统、高级语言及其编译程序。应用领域以科学计算和事务处理为主,并开始进入工业控制领域。

3.第三阶段:集成电路计算机(1964—1970 年)

集成电路计算机也称为第三代计算机,这一阶段计算机的主要特征是逻辑元件采用中、小规模集成电路(MSI、SSI)。集成电路的出现使计算机的体积缩小,性能得到提升。软件方面出现了分时操作系统以及结构化、规模化程序设计方法。特点是速度更快(一般为每秒数百万次至数千万次),而且可靠性有了显著提高,价格进一步下降,产品走向了通用化、系列化和标准化。其应用开始进入文字处理和图形图像处理领域。

4.第四阶段:大规模集成电路计算机(1970 年至今)

大规模集成电路计算机也称为第四代计算机,这一阶段计算机的主要特征是逻辑元件采用大规模和超大规模集成电路(LSI 和 VLSI)。软件方面出现了数据库管理系统、网络管理系统、面向对象语言等。特点是 1971 年世界上第一台微处理器在美国硅谷诞生,开创了微型计算机的新时代,应用领域从科学计算、事务管理、过程控制逐步走向家庭。

计算机从诞生至今,随着硬件不断更新,软件也经历了机器语言、汇编语言、高级程序语言、面向对象程序设计语言的发展,操作系统也经历 DOS、Windows、Linux 等几代产品的更新,运行速度也得到了极大的提升,近代计算机的运算速度已经达到每秒几十亿次。计算机也由原来的仅供军事科研使用普及到所有领域,计算机强大的应用功能,产生了巨大的市场需要。目前,计算机正朝着巨型化、微型化、网络化、人工智能化和多媒体化的方向发展。

1.1.2 计算机的特点

1.运算速度快

计算机可以高速准确地完成各种算术运算。现代计算机的运算速度已达到每秒万亿次,微机也可达每秒亿次以上,因此计算速度是相当快的。

2.计算精确度高

计算机中数的精确度主要取决于数据(以二进制形式)表示的位数,称为机器字长。机器字长越长则精确度越高,因为其允许的有效数字位数多。一般计算机可以有十几位甚至几十位(二进制)有效数字,计算精度可由千分之几到百万分之几,是任何计算工具所望尘莫及的。

3. 逻辑运算能力强

计算机不仅能进行精确计算，还具有逻辑运算功能，能对信息进行比较和判断。计算机能把参加运算的数据、程序以及中间结果和最后结果保存起来，并能根据判断的结果自动执行下一条指令以供用户随时调用。

4. 存储容量大

计算机内部的存储器具有记忆特性，可以存储大量的信息。这些信息不仅包括各类数据信息，还包括加工这些数据的程序。

5. 自动化程度高

由于计算机具有存储记忆能力和逻辑判断能力，所以人们可以将预先编好的程序存入计算机内存，在程序控制下，计算机可以连续、自动地工作，不需要人工干预。

1.1.3 计算机的应用

计算机的应用已渗透到社会的各个领域，正在日益改变着传统的工作、学习和生活的方式，推动着社会的发展。主要应用领域如下。

1. 科学计算

科学计算是计算机最早的应用领域，是指利用计算机来完成科学研究和工程技术中提出的数值计算问题。在现代科学技术工作中，科学计算的任务是大量的和复杂的。利用计算机的运算速度高、存储容量大和连续运算的能力，可以解决人工无法完成的各种科学计算问题。例如，工程设计、地震预测、气象预报、火箭发射等都需要由计算机承担庞大而复杂的计算量。

2. 数据处理

数据处理是指对各种数据进行收集、存储、整理、分类、统计、加工、利用和传播等一系列活动的统称。目前，数据处理已广泛地应用于办公自动化、企事业计算机辅助管理与决策、情报检索、图书管理、会计电算化等方面。很多机构纷纷建立了自己的管理信息系统；生产企业也开始采用制造规划软件（MRP）。

3. 过程控制

过程控制又称实时控制。利用计算机实时采集数据、分析数据，按最优值迅速地对控制对象进行自动调节或自动控制。采用计算机进行过程控制，不仅可以大大提高控制的自动化水平，而且还可以提高控制的时效性和准确性，从而改善劳动条件、提高产量及合格率。因此，计算机过程控制已在机械、冶金、石油、化工和电力等部门得到广泛的应用。实时控制是实现工业生产过程自动化的一个重要手段。

4. 计算机辅助系统

计算机辅助技术包括计算机辅助设计、计算机辅助制造和计算机辅助教学等。

（1）计算机辅助设计

计算机辅助设计（Computer Aided Design，CAD）是利用计算机系统辅助设计人员进行工程或产品设计，以实现最佳设计效果的一种技术。CAD技术已应用于建筑设计、机械设计、大规模集成电路设计等。采用计算机辅助设计，可缩短工期，提高工作效率，提高设计质量。

（2）计算机辅助制造

计算机辅助制造（Computer Aided Manufacturing，CAM）是利用计算机系统进行生产设备的管理、控制和操作的过程。将CAD和CAM技术集成，可以实现设计产品生产的自动化，这种技术被称为计算机集成制造系统。有些国家已把 CAD、CAM 和计算机辅助测试（Computer Aided Test）及计算机辅助工程（Computer Aided Engineering）组成一个集成系统，使设计、制造、测试和管理有机地组成为一体，形成高度的自动化系统，因此产生了自动化生产线和"无人工厂"。

（3）计算机辅助教学

计算机辅助教学（Computer Aided Instruction，CAI）是利用计算机系统进行课堂教学。教学课件可以用 PowerPoint 或 Flash 等软件制作。CAI 不仅能减轻教师的负担，还能使教学内容生动、形象逼真，能够动态演示实验原理或操作过程，激发学生的学习兴趣，提高教学质量，为培养现代化高质量人才提供了有效方法。

5. 人工智能

人工智能（Artificial Intelligence，AI）是指计算机模拟人类某些智力行为的理论、技术和应用，诸如感知、判断、理解、学习、问题的求解、图像识别等。人工智能是计算机应用的一个新的领域，这方面的研究和应用正处于发展阶段，在医疗诊断、定理证明、模式识别、智能检索、语言翻译、机器人等方面，已有了显著的成效。

6. 多媒体应用

随着电子技术特别是通信和计算机技术的发展，人们已经有能力把文本、音频、视频、动画、图形、图像等各种媒体综合起来，构成一种全新的概念——"多媒体"（Multimedia）。在医疗、教育、商业、银行、保险、行政管理、军事、工业、广播、出版等领域中，多媒体的应用发展很快。

1.1.4 计算机的分类

目前国际上沿用的分类方法，是根据美国电气和电子工程师学会（IEEE）的一个委员会于 1989 年 11 月提出的标准来划分的，即把计算机划分为巨型机、小巨型机、大型主机、小型机、工作站和个人计算机 6 类。

1. 巨型机

巨型机（Supercomputer）也称为超级计算机，在所有计算机类型中其占地最大，价格最贵，功能最强，其浮点运算速度最快。只有少数国家的几家公司能够生产巨型机。目前，巨型机多用于战略武器（如核武器和反导武器）的设计，空间技术，石油勘探，中、长期天气预报以及社会模拟等领域。巨型机的研制水平、生产能力及其应用程度，已成为衡量一个国家经济实力和科技水平的重要标志。

全球超级计算机 TOP 500 组织 2014 年 11 月 17 日在美国正式发布了全球超级计算机 500 强最新排行榜，中国国防科技大学研制的"天河二号"超级计算机，以每秒 33.86 千万亿次的浮点运算速度，第四次摘得全球运行速度最快的超级计算机桂冠。

2. 小巨型机

小巨型机（Minisupercomputer）是小型超级计算机或称桌上型超级计算机，出现于 20 世纪 80 年代中期。其功能低于巨型机，速度能达到 1TELOPS（即每秒 10 亿次），价格也只有巨型机的十分之一。

3. 大型机（Mainframe）

大型机或称作大型电脑，覆盖国内通常所说的大中型机。其特点是大型、通用，内存可达 1 GB 以上，整机处理速度高达 300～750 MIPS，具有很强的处理和管理能力。大型机主要用于大银行、大公司、规模较大的高校和科研院所。在计算机向网络化发展的当前，大型机仍有其生存空间。

4. 小型机

小型机（Minicomputer 或 Minis）结构简单，可靠性高，成本较低，方便维护和使用，对于广大中、小用户较为适用。

5. 工作站

工作站（Workstation）是介于 PC 和小型机之间的一种高档微机，运算速度快，具有较强的联网功能，常用于特殊领域，如图像处理、计算机辅助设计等。它与网络系统中的"工作站"在用词上相同，而含义不同。网络上的"工作站"泛指联网用户的结点，以区别于网络服务器，常常由一般的 PC 担当。

6. 个人计算机

我们通常说的电脑、微机或计算机，一般就指的是个人计算机（Personal Computer，PC）。它出现于 20 世纪 70 年代，以其设计先进（总是率先采用高性能的微处理器）、软件丰富、功能齐全、价格便宜等优势而拥有广大的用户，因而大大推动了计算机的普及应用。PC 的主流是 IBM 公司在 1981 年推出的 PC 系列及其众多的兼容机。PC 无所不在，无所不用，除了台式的，还有膝上型、笔记本、掌上型、手表型等。

1.2 计算机系统的组成

一个完整的计算机系统包括硬件系统和软件系统两部分。

硬件也称硬设备，是计算机系统的物质基础，是看得见摸得着的实体。软件是一些看不见摸不着的程序和数据，通常是指程序系统，是发挥计算机硬件功能的关键。硬件是软件建立和依托的基础，软件是计算机系统的灵魂。

1.2.1 冯·诺依曼计算机

1946 年美籍匈牙利科学家约翰·冯·诺依曼，提出了程序存储式电子数字自动计算机的设计方案，并确定了现代计算机硬件体系结构的五个基本部件：输入设备、输出设备、控制器、运算器和存储器。它们之间的关系如图 1-2 所示。几十年来，虽然计算机系统从性能指标、运算速度、工作方式等方面有了很大变化，但基本结构都没有脱离冯·诺依曼思想，都属于冯·诺依曼计算机。

图 1-2 冯·诺依曼计算机体系结构

冯·诺依曼思想主要包括三方面内容。

（1）计算机由五大基本部件组成：运算器、控制器、存储器、输入设备和输出设备。

（2）计算机内部采用二进制。

（3）计算机工作原理采用存储程序控制。

1.2.2　计算机硬件系统

计算机硬件系统通常由"五大部件"组成：输入设备、输出设备、存储器、运算器和控制器。

1. 输入设备

输入设备是将数据、程序、文字符号、图像、声音等信息输送到计算机中。常用的输入设备有键盘、鼠标、触摸屏、数字转换器等。

（1）键盘

键盘是最常用也是最主要的输入设备。通过键盘，可以将英文字母、数字、标点符号等输入到计算机中，从而向计算机发出命令、输入数据等。

（2）鼠标

鼠标（Mouse）因形似老鼠而得名。"鼠标"的标准称呼应该是"鼠标器"，全称为"橡胶球传动之光栅轮带发光二极管及光敏三极管之晶元脉冲信号转换器"或"红外线散射之光斑照射粒子带发光半导体及光电感应器之光源脉冲信号传感器"。

鼠标用来控制显示器所显示的指针光标（Pointer），它从出现到现在已经有 40 年的历史了。鼠标的使用是为了使计算机的操作更加简便，代替键盘烦琐的指令。

（3）触摸屏

触摸屏（Touch Screen）是一种覆盖了一层塑料的特殊显示屏，在塑料层后是互相交叉不可见的红外线光束。用户通过手指触摸显示屏来选择菜单项。触摸屏的特点是容易使用，如自动柜员机（Automated Teller Machine，ATM）、信息中心、饭店、百货商场等场合均可看到触摸屏的使用。

（4）数字转换器

数字转换器（Digitizer）是一种用来描绘、复制图画或照片的设备。把需要复制的内容放置在数字化图形输入板上，然后通过一个连接计算机的特殊输入笔描绘这些内容。随着输入笔在复制内容上的移动，计算机记录它在数字化图形输入板上的位置，当描绘完整个需要复制的内容后，图像能在显示器上显示或在打印机上打印或者存储在计算机系统上以便日后使用。数字转换器常常用于工程图纸的设计。

除此之外的输入设备，还有游戏杆、光笔、数码相机、数字摄像机、图像扫描仪、传真机、条形码阅读器、语音输入设备等。

2. 输出设备

输出设备将计算机的运算结果或者中间结果打印或显示出来。常用的输出设备有显示器、打印机、绘图仪、传真机等。

（1）显示器

显示器（Display）是计算机必备的输出设备，常用的有阴极射线管显示器、液晶显示器和等离子显示器。

（2）打印机

打印机（Printer）是计算机最基本的输出设备之一。它将计算机的处理结果打印在纸上。打印机按印字方式可分为击打式和非击打式两类。击打式打印机是利用机械动作，将字体通过色带打印在纸上。根据印出字体的方式又可分为活字式打印机和点阵式打印机。

（3）绘图仪

绘图仪（Plotter）能按照人们要求自动绘制图形的设备。它可将计算机的输出信息以图形的形式输出。其主要可绘制各种管理图表和统计图、大地测量图、建筑设计图、电路布线图、各种机械图与计算机辅助设计图等。

3. 存储器

存储器是存储程序和数据的部件，是计算机的记忆装置。存储器用于存储计算机进行信息处理所必需的原始数据、中间结果、最后结果以及指示计算机进行工作的程序。在存储器中含有大量的存储单元，每个存储单元可以存储八位二进制信息，占用一个字节（Byte），存储器的容量是以字节为基本单位的。为了存取存储单元的内容，用唯一的编号来标识存储单元，这个编号称为存储单元的地址。CPU 按地址来存取存储器中的数据。

计算机的存储器分为内部存储器（也称主存）和外部存储器（也称辅存）。内存容量小、速度快，直接为 CPU 提供数据和指令，并存入由运算器送来的数据；外存容量大、速度低，存放暂时不用的程序和数据。外存不能直接同 CPU 打交道，但可以与内存交换信息。

（1）内存储器

内存也叫主存，用于存储正在执行的程序和数据。内存一般由半导体器件构成。从使用功能上分，内存有随机存储器（Random Access Memory，RAM）和只读存储器（Read Only Memory，ROM）。

① 随机存储器

随机存储器（Random Access Memory RAM）有以下特点：可以读出，也可以写入。读出时并不损坏原来存储的内容，只有写入时才修改原来所存储的内容。断电后，存储内容立即消失，即具有易失性。

RAM 可分为动态（Dynamic RAM）和静态（Static RAM）两大类。DRAM 的特点是集成度高，主要用于大容量内存储器；SRAM 的特点是存取速度快，主要用于高速缓冲存储器。

② 只读存储器

只读存储器（Read Only Memory，ROM）的特点是只能读出原有的内容，不能由用户再写入新内容。原来存储的内容是采用掩膜技术由厂家一次性写入的，并永久保存下来。它一般用来存储专用的、固定的程序和数据，不会因断电而丢失。

③ CMOS 存储器

COMS（Complementary Metal Oxide Semiconductor Memory）存储器是一种只需要极少电量就能存储数据的芯片。由于耗能极低，CMOS 内存可以由集成到主板上的一个小电池供电，这种电池在计算机通电时还能自动充电。因为 CMOS 芯片可以持续获得电量，所以即使在关机后，也能保存有关计算机系统配置的重要数据。

（2）外存储器

外存储器也叫辅助存储器，简称辅存，主要用来长期存储"暂时不用"的程序和数据。外存储器通常是磁性介质或光盘，像硬盘、软盘、磁带、CD、U 盘等，能长期保存信息，并且不依赖于电来保存信息，它是由机械部件带动，其速度与 CPU 相比就慢得多。

4. 运算器

运算器（Arithmetic Logic Unit，ALU），也称算术逻辑单元是进行算术运算和逻辑运算的功能部件。它的功能就是在控制器的控制下，由存储器中取得数据，进行算术运算和逻辑运算，并把结果送到存储器中。计算机中的任何处理都是在运算器中进行的。

5.控制器

控制器是整个计算机的指挥中心。它的基本功能是按照人们预先确定的操作步骤，指挥控制计算机各部件协调一致地自动工作。控制器要从内存依次取出各条指令，并对指令进行分析，根据指令的功能向有关部件发出控制命令，控制执行指令的操作。

计算机的工作过程为：人们预先编制程序，利用输入设备将程序输入到计算机内，同时转换成二进制代码，计算机在控制器的控制下，从内存中逐条取出程序中的每一指令交给运算器去执行，并将运算结果送回存储器指定的单元中，当所有的运算任务完成后，程序执行结果利用输出设备输出。所以，计算机的工作原理可以概括为存储程序和程序控制。

1.2.3　计算机软件系统

计算机软件是由系统软件和应用软件构成的。

1.系统软件

系统软件（System Software）由一组控制计算机系统并管理其资源的程序组成，其主要功能包括启动计算机，存储、加载和执行应用程序，对文件进行排序、检索，将程序语言翻译成机器语言等。

（1）操作系统

操作系统（Operating System，OS）是管理、控制和监督计算机软、硬件资源协调运行的程序系统，由一系列具有不同控制和管理功能的程序组成，它是直接运行在计算机硬件上的、最基本的系统软件，是系统软件的核心。

操作系统主要作用有两个：一是方便用户使用计算机，是用户和计算机的接口；二是统一管理计算机系统的全部资源，合理组织计算机工作流程，以便充分、合理地发挥计算机的效率。

（2）语言处理系统（翻译程序）

计算机语言发展经历了从机器语言、汇编语言到高级语言的变化过程，但计算机能够识别的语言只有机器语言。如果要在计算机上运行高级语言程序就必须配备程序语言翻译程序（下简称翻译程序），把高级语言源程序翻译成机器可以识别的目标程序。

图1-3　操作系统作用示意图

翻译程序本身是一组程序，不同的高级语言都有相应的翻译程序。翻译的方式主要有以下两种。

一种称为"解释"型。早期的 BASIC 源程序的执行都采用这种方式。它调用机器配备的 BASIC "解释程序"，在运行 BASIC 源程序时，逐条把 BASIC 的源程序语句进行解释和执行，它不保留目标程序代码，即不产生可执行文件。这种方式速度较慢，每次运行都要经过"解释"，边解释边执行。

另一种称为"编译"型。它调用相应语言的编译程序，把源程序变成目标程序（以.OBJ 为扩展名），然后再用连接程序，把目标程序与库文件相连接形成可执行文件。尽管编译的过程复杂一些，但它形成的可执行文件（以.exe 为扩展名）可以反复执行，速度较快。

（3）服务程序

服务程序能够提供一些常用的服务性功能，它们为用户开发程序和使用计算机提供了方便，像微机上经常使用的诊断程序、调试程序、编辑程序均属此类。

（4）数据库管理系统

数据库是指按照一定联系存储的数据集合，可为多种应用共享。数据库管理系统（Data Base Management System，DBMS）则是能够对数据库进行加工、管理的系统软件。其主要功能是建立、消除、维护数据库及对库中数据进行各种操作。数据库系统主要由数据库（DB）、数据库管理系统（DBMS）以及相应的应用程序组成。数据库系统不但能够存储大量的数据，更重要的是能迅速、自动地对数据进行检索、修改、统计、排序、合并等操作，以得到所需的信息。

2.应用软件

应用软件是为了解决某一领域的实际问题而编制的程序。它可以是一个特定的程序，如一个图像浏览器；也可以是一组功能联系紧密，可以互相协作的程序的集合，如微软的 Office 软件。

1.2.4 完整的计算机系统结构

一个完整的计算机系统结构描述如图 1-4 所示。

图 1-4 计算机系统组成

1.2.5 计算机的常用术语

1.数据单位

（1）位

位（bit）音译为"比特"，是计算机内信息的最小单位，如 1010 为 4 位二进制数（4 bit）。一个二进制位只能表示两种状态（0 与 1）。

（2）字节

字节（Byte）又简记为 B。一个字节等于 8 个二进制位，即 1B=8 bit。

（3）字和字长

计算机处理数据时，一次存取、加工和传送的数据称为字。一个字通常由一个或若干个字节组成。

目前微型计算机的字长有 8 位、16 位、32 位和 64 位几种。例如，IBMPC/XT 字长 16

位，称为 16 位机。486 与 Pentium 微型机字长 32 位，称为 32 位机。目前，微型计算机的字长普遍已达到 64 位。

2. 存储容量

计算机存储容量大小以字节数来度量，经常使用 KB、MB、GB、TB 等度量单位。其中 K 代表 "千"，M 代表 "兆"（百万），G 代表 "吉"（十亿），T 代表 "太"（万亿），B 是字节的意思。

$1\ KB=2^{10}\ B=1024\ B$

$1\ MB=2^{20}\ B=2^{10}\times2^{10}\ B=1024\times1024\ B$

$1\ GB=2^{30}\ B=2^{10}\times2^{10}\times2^{10}\ B=1024\times1024\times1024\ B$

$1\ TB=2^{40}\ B=2^{10}\times2^{10}\times2^{10}\times2^{10}\ B=1024\times1024\times1024\times1024\ B$

3. CPU 时钟频率

计算机的操作在时钟信号的控制下分步执行，每个时钟信号周期完成一步操作。时钟频率的高低在很大程度上反映了 CPU 速度的快慢，频率通常用 Hz 单位表示。

4. 每秒平均执行指令数

通常用 1 秒内能执行的定点加减运算指令的条数作为每秒平均执行指令数 i/s 的值。目前，高档微机每秒平均执行指令数可达数亿条，而大规模并行处理系统（MPP）的 i/s 值已能达到几十亿。

由于 i/s 单位太小，使用不便，实际中常用 MIPS（每秒执行百万条指令）作为 CPU 的速度指标。

1.2.6 计算机的性能指标

计算机功能的强弱或性能的好坏，不是由某项指标决定的，而是由它的系统结构、指令系统、硬件组成、软件配置等多方面的因素综合决定的。对于大多数普通用户来说，可以从以下几个指标来大体评价计算机的性能。

1. 运算速度

运算速度是衡量计算机性能的一项重要指标。通常所说的计算机运算速度（平均运算速度），是指每秒钟所能执行的指令条数，一般用 "百万条指令/秒"（Million Instruction Per Second，MIPS）来描述。同一台计算机，执行不同的运算所需时间可能不同，因而对运算速度的描述常采用不同的方法。常用的有 CPU 时钟频率（主频）、每秒平均执行指令数（i/s）等。

微型计算机一般采用主频来描述运算速度，如 Intel 酷睿 i7 4790K 的主频为 4 GHz，AMD 速龙 X4 的主频为 CPU 主频为 3.7 GHz。一般说来，主频越高，运算速度就越快。

2. 字长

计算机在同一时间内处理的一组二进制数称为一个计算机的 "字"，而这组二进制数的位数就是 "字长"。在其他指标相同时，字长越大计算机处理数据的速度就越快。早期的微型计算机的字长一般是 8 位和 16 位，586（Pentium、Pentium Pro、Pentium II、Pentium III、Pentium 4）大多是 32 位的，现在的微型计算机大多数是 64 位的。

3. 内存储器的容量

内存储器也简称主存，是 CPU 可以直接访问的存储器，需要执行的程序与需要处理的数据是存储在主存中的。内存储器容量的大小反映了计算机即时存储信息的能力。随着操作系统的升级，应用软件的不断丰富及其功能的不断扩展，人们对计算机内存容量的需求也不断提高。

目前，运行 Windows 7 需要 512 MB 以上的内存容量。内存容量越大，系统功能就越强大，能处理的数据量就越庞大。

4. 外存储器的容量

外存储器容量通常是指硬盘容量（包括内置硬盘和移动硬盘）。外存储器容量越大，可存储的信息就越多，可安装的应用软件就越丰富。目前，硬盘容量一般都在 320 GB 以上，大多数计算机已配置 TB 级别容量的硬盘。

除了上述这些主要性能指标外，微型计算机还有其他一些指标，如所配置外围设备的性能指标，所配置系统软件的情况等。另外，各项指标之间也不是彼此孤立的，在实际应用时，应该把它们综合起来考虑。

1.3 数制与编码

1.3.1 进位计数制

在计算机中，各种信息都是以二进制数的形式表示的，这是由计算机电路所采用的元器件的特性所决定的。

数制也称计数制，是用一组固定的符号和统一的规则来表示数值的方法。在计算机中，通常采用的数制有十进制、二进制、八进制和十六进制。

十进制是我们非常熟悉的数制，下面我们通过对十进制的分析来了解数制中的基本概念。

1. 十进制

（1）数码

组成十进制（D）的基本符号有 0、1、2、3、4、5、6、7、8、9 共 10 个符号，我们称这些符号为数码。

（2）基数

在十进制中，每一位有 0～9 共 10 个数码，即十进制共有 10 个基本数字，我们把十进制所包含的基本数字个数叫作基数，十进制基数为 10。

（3）运算规则

十进制数的运算遵循加法时"逢十进一"，减法时"借一当十"。

（4）位权

十进制数中，数码所处的位置不同，所表示的值就不相同，通常把代表位置大小的数叫"权"。在十进制中，个位权为 10^0，十位权为 10^1，……第 N 位 10^{N-1}，一个十进制数的值等于每位的数值×该位对应的权值之和。

2. 二进制

二进制（B）是计算机技术中广泛采用的一种数制。

二进制数只有 0 和 1 两个数码。它的基数为 2，进位规则是"逢二进一"，借位规则是"借一当二"，二进制的位权是 2^{n-1}，其中 n 表示位置。当前的计算机系统使用的基本上是二进制。

3. 八进制

八进制（O）数码为 0、1、2、3、4、5、6、7。基数为 8，进位规则是"逢八进一"，借位规则是"借一当八"。八进制的权是 8^{n-1}，其中 n 表示位置。

4. 十六进制

十六进制（H）是人们在计算机指令代码和数据的书写中经常使用的数制。

在十六进制中，数码用 0、1、…、9 和 A、B、…、F 共 16 个符号来描述。基数是 16，进位规则是"逢十六进一"，借位规则是"借一当十六"，十六进制的权是 16^{n-1}，其中 n 表示位置。

十六进制数与十进制数的对应关系是：0～9 对应 0～9；A～F 对应 10～15。

1.3.2 数制的转换

不同数制的数之间可以进行相互转换。

1. 二进制数、八进制数、十六进制数转换成十进制数

采用"按权展开法"。具体做法是，把非十进制数写成加权系数展开式，然后按十进制加法规则求和。这种做法称为"按权展开"法。

（1）二进制数转换成十进制数

【例 1-1】 把二进制数 11011.11 转换为十进制数。

$$(11011.11)_2 = 1 \times 2^4 + 1 \times 2^3 + 0 \times 2^2 + 1 \times 2^1 + 1 \times 2^0 + 1 \times 2^{-1} + 1 \times 2^{-2}$$
$$= 16 + 8 + 2 + 1 + 0.5 + 0.25$$
$$= (27.75)_{10}$$

（2）八进制数转换为十进制数

【例 1-2】 把八进制数 357.8 转换为十进制数。

$$(357.8)_8 = 3 \times 8^2 + 5 \times 8^1 + 7 \times 8^0 + 8 \times 8^{-1}$$
$$= 192 + 40 + 7 + 0.1$$
$$= (239.1)_{10}$$

（3）十六进制数转换为十进制数

【例 1-3】 把十六进制数 3AF.C 转换为十进制数。

$$(3AF.C)_{16} = 3 \times 16^2 + 10 \times 16^1 + 15 \times 16^0 + 12 \times 16^{-1}$$
$$= 768 + 160 + 15 + 0.75$$
$$= (943.75)_{10}$$

2. 十进制数转换为二进制数、八进制数、十六进制数

十进制数转换为二进制数、八进制数、十六进制数时，由于整数和小数的转换方法不同，所以先将十进制数的整数部分和小数部分分别转换后，再加以合并。

（1）十进制整数转换非十进制整数

十进制整数转换为非十进制数，整数部分采用"除基数取余，逆序排列"法。具体做法是：用基数去除十进制整数，可以得到一个商和余数；将余数取出，再用基数去除商，又会得到一个商和余数，如此进行，直到商为零时为止，然后把先得到的余数作为非十进制数的低位有效位，后得到的余数作为非进制数的高位有效位，依次排列起来。

【例 1-4】 把十进制数 125 转换为二进制数。

2	125	余数（低位）
2	62	1
2	31	0
2	15	1
2	7	1
2	3	1
2	1	1
	0	1 （高位）

$(125)_{10} = (1111101)_2$

【例 1-5】把十进制数 125 转换为八进制数。

```
8 | 125        余数（低位）
   8 | 15          5    ↑
      8 | 1         7    |
         0          1    | （高位）
```

$(125)_{10} = (175)_8$

【例 1-6】把十进制数 125 转换为十六进制数。

```
16 | 125        余数（低位）
    16 | 7         13    ↑
        0          7     | （高位）
```

$(125)_{10} = (7D)_{16}$

（2）十进制小数转换为非十进制小数

十进制小数转换成非十进制小数采用"乘基数取整，顺序排列"法。具体做法是：用其他进制的基数不断乘十进制小数，可以得到积，将积的整数部分取出，再用基数乘余下的小数部分，又得到一个积，再将积的整数部分取出，如此进行，直到积中的小数部分为零，或者达到所要求的精度为止。

然后把取出的整数部分按顺序排列起来，先取的整数作为小数的高位有效位，后取的整数作为低位有效位。

【例 1-7】把十进制数 0.125 转换为二进制数。

```
        0.125
      ×    2            取整数（高位）
        0.25              0        |
      ×    2                       |
        0.5               0        |
      ×    2                       |
        1.0               1        ↓  （低位）
```

转换结果为：$(0.125)_{10} = (0.001)_2$

【例 1-8】把十进制数 0.325 转换为八进制数。

```
        0.325
      ×     8           取整数（高位）
        2.600             2        |
      ×     8                      |
        4.8               4        |
      ×8                           |
        6.4               6        ↓  （低位）
```

取有效位 3 位。

转换结果为：$(0.325)_{10} \approx (0.246)_2$

3. 二进制数与八进制数、十六进制数之间的转换

（1）二进制数与八进制数的转换

二进制数与八进制数的相互转换，以小数点为分界线，按照每 3 位二进制数对应于一位

八进制数进行转换。

（2）二进制数与十六进制数的转换

二进制数与十六进制数的相互转换，按照每4位二进制数对应于一位十六进制数进行转换。

4. 二进制数、八进制数、十进制数、十六进制数的对应关系

为了方便记忆，我们把二进制数、八进制数、十进制数和十六进制数的关系用表1-1描述。借助于该表，可以快速进行二进制数、八进制数、十进制数之间的相互转换。

表1-1   二进制数、八进制数、十进制数、十六进制数之间的对应关系

二进制数	八进制数	十进制数	十六进制数
0000	0	0	0
0001	1	1	1
0010	2	2	2
0011	3	3	3
0100	4	4	4
0101	5	5	5
0110	6	6	6
0111	7	7	7
1000	10	8	8
1001	11	9	9
1010	12	10	A
1011	13	11	B
1100	14	12	C
1101	15	13	D
1110	16	14	E
1111	17	15	F
10000	20	16	10

【例1-9】二进制数11101.01转换为十六进制数。

以小数点为分界线，向左向右每4位一组，不足4位补零。即补成如下形式：

0001 1101.0100

    1   D.   4

$(11101.01)_2 = (1D.4)_{16}$

【例1-10】十六进制数转为二进制数。

$(AF4.76)_{16} = (1010\ 1111\ 0100.\ 0111\ 0110)_2$

1.3.3 字符编码

在计算机中，对非数值的文字和其他符号进行处理时，采用二进制编码来标识数字和特

殊符号。

1.西文字符编码

目前使用最广泛的西文字符集及其编码是 ASCII 字符集和 ASCII 码。美国信息交换标准代码（American Standard Code for Information Interchange，ASCII）于 1968 年提出，用于在不同计算机硬件和软件系统中实现数据传输标准化，在大多数的小型机和全部的个人计算机都使用此码。

ASCII 码使用指定的 7 位或 8 位二进制数组合来表示 128 或 256 种可能的字符。标准 ASCII 码也叫基础 ASCII 码，使用 7 位二进制数来表示所有的大写和小写字母，数字 0 到 9、标点符号以及在美式英语中使用的特殊控制字符。标准 ASCII 码如表 1–2 所示。

表 1-2　ASCII 码表

ASCII 值	控制字符	ASCII 值	控制字符	ASCII 值	控制字符	ASCII 值	控制字符
0	NUL	32	（space）	64	@	96	'
1	SOH	33	!	65	A	97	a
2	STX	34	"	66	B	98	b
3	ETX	35	#	67	C	99	c
4	EOT	36	$	68	D	100	d
5	ENQ	37	%	69	E	101	e
6	ACK	38	&	70	F	102	f
7	BEL	39	'	71	G	103	g
8	BS	40	(	72	H	104	h
9	HT	41	)	73	I	105	i
10	LF	42	*	74	J	106	j
11	VT	43	+	75	K	107	k
12	FF	44	,	76	L	108	l
13	CR	45	−	77	M	109	m
14	SO	46	.	78	N	110	n
15	SI	47	/	79	O	111	o
16	DLE	48	0	80	P	112	p
17	DCI	49	1	81	Q	113	q
18	DC2	50	2	82	R	114	r
19	DC3	51	3	83	X	115	s
20	DC4	52	4	84	T	116	t
21	NAK	53	5	85	U	117	u
22	SYN	54	6	86	V	118	v
23	TB	55	7	87	W	119	w
24	CAN	56	8	88	X	120	x

ASCII 值	控制字符	ASCII 值	控制字符	ASCII 值	控制字符	ASCII 值	控制字符
25	EM	57	9	89	Y	121	y
26	SUB	58	:	90	Z	122	z
27	ESC	59	;	91	[	123	{
28	FS	60	<	92	\	124	|
29	GS	61	=	93	]	125	}
30	RS	62	>	94	^	126	~
31	US	63	?	95	—	127	DEL

2. 汉字编码

汉字的编码分为国标码、机内码、外码和输出码。

（1）国标码

《信息交换用汉字编码字符集·基本集》是我国于 1980 年制定的汉字编码国家标准，代号为 GB2312-80，称为国标码，是国家规定的用于汉字信息处理的代码依据。

国标码字符集共收录了 7445 个字符，其中包括 6763 个常用汉字和 682 个非汉字字符，常用汉字中包括一级常用字 3755 个，二级次常用字 3008 个。

国标码的编码范围是 2121H~7E7EH。

将 7 445 个汉字字符的国标码放置在 94 行×94 列的阵列中，就构成了一张国标码表。表中每一行称为一个汉字的区，用区号表示，范围是 1~94；每一列称为一个汉字的位，用位号表示，范围是 1~94。区号和位号组合起来就构成了汉字的区位码，高两位表示区号，低两位表示位号。

（2）机内码

汉字的机内码是用于计算机系统内部进行数据的存储、处理和传输过程中统一使用的代码，又称为汉字的内部码或汉字内码。目前使用最广泛的为两个字节的机内码，俗称变形的国标码。

将国标码中的每个字节在最高位改设为 1，这样就形成了在计算机内部用来进行汉字的存储、运算的编码称作机内码。

国标码和汉字内码的转换关系如下：汉字内码=国标码+8080H

（3）外码

国标码或区位码都不利于汉字的输入，为方便汉字的输入而制定的汉字编码，称为汉字输入码，又称为外码。不同的输入方法，形成了不同的汉字外码。外码的类型综合起来可分为：按汉字的排列顺序形成的编码，如区位码；按汉字的读音形成的编码（音码），如全拼、简拼、双拼等；按汉字的字形形成的编码（形码）：如五笔字型、郑码等；按汉字的音、形结合形成的编码（音形码）：智能 ABC。

（4）输出码

为了将汉字在显示器或打印机上输出，把汉字按图形符号设计成点阵图，就得到了相应的点阵代码（字形码）。汉字字库（是汉字字形库的简称），是汉字字形数字化后，以二进制文件形式存储在存储器中而形成的汉字字模库。汉字字库可分为软汉字字库和硬汉字字库两类。目前，汉字字形的产生方式大多是数字式，即以点阵方式形成汉字。因此，汉字字形码主要是指汉字字形点阵的代码，字形码存储于汉字字库中。

汉字字形点阵中每个点的信息要用一位二进制码表示。已知汉字点阵的大小，可以计算出存储一个汉字所需占用的字节空间，也即：字节数=点阵行数×点阵列数/8。例如，16×16点阵的字形码需要用 32 个字节（16×16÷8=32）表示；24×24 点阵的字形码需要用 72 个字节（24×24÷8=72）表示。

1.4 键盘的基本操作

1.4.1 键盘的组成

键盘是用户向计算机内输入信息的常用设备。无论是英文还是中文的输入，或者向计算机发出操作命令，通常都是通过键盘来完成的。普通键盘分为四个区：主键盘区、功能键区、编辑键区和数字键区，键区分布如图 1-5 所示。

图 1-5 标准键盘键位

1. 主键盘区

主键盘区也叫打字键盘区，位于键盘左下部，包括字母键、数字键、标点符号、空格键、控制键等。字母键用以输入 26 英文个字母。数字键是用来输入 0~9 的 10 个数字。

控制键的功能介绍如下。

"Tab"：制表定位键。按一次该键光标向右移动一个制表位（默认为 8 个空格）。

"Caps lock"：大写字母锁定键，按下此键，键盘右上方的 Caps Lock 指示灯亮，输入的字母为大写，再按一次该键即可恢复原状态（小写状态）。

"Shift"：换档键，按住这个键，再按下字母键，则输入的是大写字母。另外，想输入按键上两个不同字符中上部的字符，需要先按下该键。

"Ctrl"：控制键，一般不单独使用，与其他键同时按下完成特殊的功能。

"Alt"：通常称为变换键，与其他键配合完成特殊功能的变换。

"Enter"：回车键，表示一次输入的结束或换行。

"Space"：空格键，用来输入空格。

2. 功能键区

功能键区位于键盘的顶部，由 16 个键组成。

"Esc"：是 Escape 的简写，意思是脱离、跳出之意。在 Windows 操作系统中，Esc 可用来关闭对话视窗、停止目前正在使用或执行的功能等。

"F1"～"F12"：这些键通常由系统程序或应用软件来定义其控制功能。

"Print Screen"：屏幕打印键，按该键会复制当前屏幕的内容。

"Scroll Lock"：滚屏锁定键，按该键可以让屏幕的内容不再翻动。再按一次可取消锁定状态。

"Pause"：暂停键，按该键可以暂停屏幕的滚动显示。

3. 编辑键区

"Insert"：插入键，按该键可进入插入状态，输入的字符插入到光标所在位置，其余字符顺序右移。再按一次该键，可以取消插入状态。

"Delete"：删除键，按该键可以删除光标所在位置后面的字符。

"Home"：行首键，按该键可以使光标移至行首。

"End"：行尾键，按该键可以使光标移至行尾。

"Page Up"：上翻页键，按该键可以使屏幕上的内容向上翻一页。

"Page Down"：下翻页键，按该键可以使屏幕上的内容向下翻一页。

"→"：光标右移键，按该键可让光标右移一个字符。

"←"：光标左移键，按该键可让光标左移一个字符。

"↑"：光标上移键，按该键可让光标上移一行。

"↓"：光标下移键，按该键可让光标下移一行。

4. 辅助键区

"NumLock"键：数字锁定键，该键指示灯亮时，表示可以用辅助键区进行数字录入。

1.4.2　键盘的指法

要熟练操作键盘，高速准确地输入文字、数字和程序等，需要掌握正确的指法并通过反复练习才能够奏效。

1. 姿势

正确的姿势有利于提高输入的准确率和速度。正确的姿势包括 3 个方面的要求。

坐姿：要求腰部挺直，两肩放松，两脚自然踏放，腰部以上身躯略向前倾，头部不可左右歪斜。

臂、肘、腕姿势：要求大臂自然下垂，小臂和手腕自然平抬。

手指姿势：手指略弯曲，左右食指、中指、无名指、小指轻放在基本键盘上，左右拇指指端下侧轻放在空格键上。

2. 指法

键盘上的 A、S、D、F、G、H、J、K、L、; 10 个键称为基准键位。基准键位用于把握/校正两个手指在键盘上的中心位置。打字之前，要将左手由小指到食指依次放在 A、S、D、F 基准键上，右手由食指到中指依次放在 J、K、L、; 基准键上。两个拇指放在空格键上。基准键位与手指的对应关系如图 1-6 所示。其中 F 键和 J 键各有一个小小的凸起，操作者进行盲打就是通过触摸这两个键来确定基准位的。

指法就是将计算机键盘上最常用的 26 个字母和常用符号，依据位置分配给除大拇指之外的 8 个手指，键盘的指法分区如图 1-7 所示。操作时，眼睛看着稿纸或显示屏幕，输入时手略抬起，只有需要击键的手指可伸出击键，击键后手形恢复原状。每个手指在基准键以外击键后，要立即返回基准建。

图 1-6　基准键位与手指的对应关系

具体指法练习可利用金山打字软件来进行。

图 1-7　键盘的指法分区

1.4.3　中文输入法简介

在 Windows 7 系统中，输入英文只需要按字母键即可。如果输入汉字则需要专门的输入方法。

1. 输入法的选择

"Ctrl+Space"：切换中文和英文输入模式。

"Ctrl+Shift"：循环切换各种输入方法。

"Shift+Space"：切换全角和半角。全角是指一个字符占两个标准字符的位置，半角是指一个字符占用一个标准字符的位置。

"Ctrl+."：在中文输入模式下，可切换中英文标点符号输入。

另外，可以用鼠标单击屏幕右下角状态条上的输入法按钮来选择。

2. 拼音输入法

常用的输入方法有拼音输入法、五笔字型输入法等。

拼音输入法是利用汉字拼音来输入汉字的方法。拼音输入法无需特殊记忆，符合人的思维习惯，只要会拼音就可以输入汉字。

五笔字形输入法可在金山打字通中学习，这里不再介绍。

1.5　计算机病毒及其防治

1.5.1　计算机病毒的定义与特征

1. 计算机病毒的定义

计算机病毒（Computer Virus）在《中华人民共和国计算机信息系统安全保护条例》中被明确定义，病毒是指"编制者在计算机程序中插入的破坏计算机功能或者破坏数据，影响计算机使用并且能够自我复制的一组计算机指令或者程序代码"。

与医学上的"病毒"不同，计算机病毒不是天然存在的，而是某些人利用计算机软件和硬件所固有的脆弱性编制的一组指令集或程序代码。它能通过某种途径潜伏在计算机的存储介质（或程序）里，当达到某种条件时即被激活，通过修改其他程序的方法将自己的精确复制或者可能演化的形式存入其他程序中，从而感染其他程序，对计算机资源进行破坏。所谓的病毒就是人为造成的，对其他用户的危害性很大。

2. 计算机病毒的主要特征

计算机病毒具有以下几个特点。

（1）计算机病毒的破坏性

计算机病毒可以毁掉系统的部分数据，也可以破坏全部数据并使之无法恢复。但并非所有的病毒都对系统产生极其恶劣的破坏作用。有时几种本没有多大破坏作用的病毒交叉感染，也会导致系统崩溃等重大后果。

（2）计算机病毒的传染性

计算机病毒不但本身具有破坏性，更有害的是具有传染性，一旦病毒被复制或产生变种，其速度之快令人难以预防。传染性是病毒的基本特征。计算机病毒是一段人为编制的计算机程序代码，这段程序代码一旦进入计算机并得以执行，它就会搜寻其他符合其传染条件的程序或存储介质，确定目标后再将自身代码插入其中，达到自我繁殖的目的。只要一台计算机染毒，如不及时处理，那么病毒会在这台机子上迅速扩散，其中的大量文件（一般是可执行文件）会被感染。而被感染的文件又成了新的传染源，再与其他机器进行数据交换或通过网络接触，病毒会继续进行传染。

（3）计算机病毒的潜伏性

有些病毒像定时炸弹一样，让它什么时间发作是预先设计好的，不到预定时间根本都觉察不出来，等到条件具备的时候一下子就爆炸开来，对系统进行破坏。一个编制精巧的计算机病毒程序，进入系统之后一般不会马上发作，可以在几周或者几个月内甚至几年内隐藏在合法文件中，对其他系统进行传染，而不被人发现，潜伏性愈好，其在系统中的存在时间就会愈长，病毒的传染范围就会愈大。

（4）病毒的隐蔽性

病毒一般是具有很高编程技巧，短小精悍的程序。通常附在正常程序中或磁盘较隐蔽的地方，也有个别的以隐含文件形式出现。大部分的病毒的代码之所以设计得非常短小，也是为了隐藏。病毒一般只有几百或1K字节，使人非常不易察觉。

（5）可触发性

病毒因某个事件或数值的出现，诱使病毒实施感染或进行攻击的特性称为可触发性。为了隐蔽自己，病毒必须潜伏，少做动作。如果完全不动，一直潜伏的话，病毒既不感染也不能进行破坏，便失去了杀伤力，因此它必须具有可触发性。病毒的触发机制就是用来控制感染和破坏动作的频率的。病毒具有预定的触发条件，这些条件可能是时间、日期、文件类型或某些特定数据等。病毒运行时，触发机制检查预定条件是否满足，如果满足，启动感染或破坏动作，使病毒进行感染或攻击；如果不满足，使病毒继续潜伏。

1.5.2　计算机病毒的分类

根据多年对计算机病毒的研究，计算机病毒可进行如下分类。

1.按照破坏性来分

（1）良性病毒

良性病毒对系统和数据不产生破坏作用，它只是表现自己，但可干扰计算机的正常工作，如大量占用系统资源，使计算机的运行速度大大降低，严重者可造成计算机系统陷入瘫痪。

（2）恶性病毒

恶性病毒对计算机系统、程序及用户数据产生不同程度的破坏，甚至导致整个系统彻底崩溃，给用户带来极大的灾难和损害。

2.按照传染方式分类

（1）引导型病毒

引导型病毒隐藏在磁盘的引导区，当系统启动时，病毒抢先进入内存，取得系统控制权，监视系统的运行。当系统进行磁盘读写或格式化磁盘时实施传染。

（2）文件型病毒

病毒感染计算机中的文件（如 COM、EXE、DOC 等），当病毒文件被调用时，病毒驻留在系统内存中，并伺机传染其他可执行文件或某些类型的数据文件。

（3）网络型病毒

这种病毒是近几年来网络的高速发展的产物，感染的对象不再局限于单一的模式和单一的可执行文件，而是更加综合、更加隐蔽。现在一些网络型病毒几乎可以对所有的 Office 文件进行感染，如 Word、Excel、电子邮件等。其攻击方式也有转变，从原始的删除、修改文件到现在进行文件加密、窃取用户有用信息（如黑客程序）等，传播的途经也发生了质的飞跃，不再局限磁盘，而是通过更加隐蔽的网络进行，如电子邮件、电子广告等。

3.按链接的方式分类

（1）源码型病毒：攻击高级语言编写的源程序，在源程序编译之前插入其中，并随源程序一起编译、连接成可执行文件。此时刚刚生成的可执行文件便已经带病毒了。

（2）入侵性病毒：可用自身代替正常程序中的部分模块或堆栈区，难以发现。清除这类病毒时往往造成对原文件的破坏，使之不能正常运行。

（3）操作系统型病毒：可用其自身部分加入或替代操作系统的部分功能，因其直接感染操作系统，可导致整个系统瘫痪。

（4）外壳型病毒：将自身附在宿主程序的开头或结尾，不对宿主程序作修改。因此，这类病毒文件的长度会加大。

1.5.3　计算机病毒的表现形式

计算机受到病毒感染后，会表现出不同的症状，下边把一些经常碰到的现象列出来，供用户参考。

1.机器不能正常启动

加电后机器根本不能启动，或者可以启动，但所需要的时间比原来的启动时间变长了。有时会突然出现黑屏现象。

2.运行速度降低

如果发现在运行某个程序时，读取数据的时间比原来长，存储文件或调用文件的时间都增加了，那就可能是由于病毒造成的。

3.磁盘空间迅速变小

由于病毒程序要进驻内存，而且又能繁殖，因此使内存空间变小甚至变为"0"，用户什么信息也输不进去。

4.文件内容和长度有所改变

一个文件存入磁盘后，本来它的长度和内容都不会改变，可是由于病毒的干扰，文件长度可能改变，文件内容也可能出现乱码。有时文件内容无法显示或显示后又消失了。

5.经常出现"死机"现象

正常的操作是不会造成死机现象的，即使是初学者，命令输入不对也不会死机。如果机器经常死机，那可能是由于系统被病毒感染了。

6.外部设备工作异常

因为外部设备受系统的控制，如果机器中有病毒，外部设备在工作时可能会出现一些异常情况，出现一些用理论或经验说不清道不明的现象。

以上仅列出一些比较常见的病毒表现形式，肯定还会遇到一些其他的特殊现象，这就需要由用户自己判断了。

1.5.4 病毒的预防

1.病毒的预防措施

对计算机病毒应以预防为主。预防计算机病毒的常用措施如下。

（1）定期备份系统关键数据。

（2）及时更新操作系统等软件，修补漏洞。

（3）安装杀毒软件和个人防火墙，并经常升级。

（4）对外来的软件和数据要进行病毒检测，在确认无毒的情况下再使用。

（5）限制计算机的使用人数。

（6）不使用来历不明的软件。

（7）收到邮件时首先要进行病毒扫描，不要轻易打开电子邮件携带的附件。

（8）不要浏览不良网站。从网上下载的任何文件，一定要进行病毒扫描后再打开。

2.常用的防病毒软件

对已经感染病毒的计算机必须用杀毒软件来清除。目前，杀病毒软件基本上都已经集防毒、杀毒于一体。市场上领先的杀毒软件有瑞星、金山毒霸、江民、360、卡巴斯基、诺顿等。普通计算机用户可选择由奇虎360公司的360安全中心出品的一款免费的杀毒软件，通过360杀毒官方网站下载最新版本的360杀毒安装程序。360杀毒具有以下优点：查杀率高、资源占用少、升级迅速等。同时，360杀毒可以与其他杀毒软件共存，是一个理想杀毒备选方案。360杀毒具有实时病毒防护和手动扫描功能，为您的系统提供全面的安全防护。实时防护功能在文件被访问时对文件进行扫描，及时拦截活动的病毒。在发现病毒时会通过提示窗口警告您。

360 杀毒具有自动升级功能，如果您开启了自动升级功能，360 杀毒会在有升级可用时自动下载并安装升级文件。自动升级完成后会通过气泡窗口提示您。

本章小结

　　本章详细介绍了有关计算机的基本知识，包括计算机的定义、特点与发展过程，计算机的应用与分类；数制与编码，重点介绍了计算机中进位计数制及各种数制之间的相互转换、数据在计算机中的表示；详细介绍了计算机软硬件系统组成，键盘的基本操作以及计算机的安全防护等内容。通过本章内容的学习，使读者对计算机的知识有了全面深入的了解。

PART 2

第 2 章
Windows 7 操作系统

Windows 7 是目前广泛使用的操作系统，本章主要介绍 Windows 7 操作系统基本知识，重点介绍 Windows 7 的基本操作和使用方法。通过本章的学习能理解和掌握操作系统的概念，掌握操作系统功能和分类，了解典型的操作系统。熟练掌握 Windows 7 的基本概念和操作。熟练掌握 Windows 7 资源管理器使用方法。熟练掌握 Windows 7 控制面板基本系统设置和个性化设置的方法。同时了解 Windows 7 常用附件程序。

2.1 操作系统概述

操作系统（Operating System，OS）是保证计算机正常运行的系统软件，是整个计算机系统的控制和管理中心。

2.1.1 基本概念

操作系统是控制和管理计算机系统内各种硬件和软件资源，有效地组织多道程序运行的系统软件（或程序集合），是用户与计算机之间的接口。

在计算机系统中，操作系统位于硬件和用户之间，一方面它能向用户提供接口，方便用户使用计算机；另一方面对计算机软硬件资源进行合理高效地分配，让用户最大限度地使用计算机的功能。

2.1.2 操作系统功能

操作系统具有以下功能。

1. 处理机管理

处理机管理的主要任务是对处理机的分配和运行实施有效的管理。进程是处理机分配资源的基本单位，是一个具有一定独立功能的程序在一个数据集合上的一次动态执行过程。因此，对处理机的管理可归结为对进程的管理，处理机管理主要功能包括进程控制、进程同步、进程通信、进程调度等。

2. 存储器管理

存储器管理主要负责内存的分配与管理，提高内存的利用率。存储器管理的主要功能包括内存分配、地址映射、内存保护、内存扩充。

3. 设备管理

设备管理的主要任务是对计算机系统内的所有设备实施有效的管理，使用户灵活高效地使用设备，设备管理主要功能包括缓冲区管理、设备分配、设备驱动、设备无关性。

4. 文件管理

文件管理负责管理软件资源，并为用户提供对文件的存取、共享和保护等手段。文件管理主要功能包括文件存储空间管理、文件操作的一般管理、目录管理、文件的读写管理和存取控制。

5. 用户接口

提供方便、友好的用户界面，使用户无需了解过多的软硬件细节就能方便灵活地使用计算机。通常，操作系统向用户提供 3 种接口方式：命令接口、图形接口、程序接口。

从资源管理的角度看操作系统具有处理机管理、存储管理、设备管理和文件管理功能，而从用户的角度看操作系统还必须为用户提供方便的用户接口。

2.1.3　操作系统分类

操作系统从不同的角度有不同的分类方法。

1. 按结构和功能分类

操作系统按结构和功能一般分为批处理系统、分时系统、实时系统、嵌入式系统、网络操作系统以及分布式操作系统。

（1）批处理操作系统

批处理（Batch processing）操作系统工作时用户将作业交给系统操作员，系统操作员将许多用户的作业组成一批作业，之后输入到计算机中，形成一个自动转接的连续的作业流；然后启动操作系统，系统自动、依次执行每个作业；最后由操作员将作业结果交给用户。典型的批处理操作系统有 DOS 和 MVX。

（2）分时操作系统

分时（Time sharing）操作系统工作时将一台主机连接若干个终端，每个终端有一个用户在使用；用户交互式地向系统提出命令请求，系统接受每个用户的命令后，采用时间片轮转方式处理服务请求，并通过交互方式在终端上向用户显示结果；用户根据上步结果发出下道命令。分时操作系统将 CPU 的时间划分成若干个片段，称为时间片。操作系统以时间片为单位，轮流为每个终端用户服务。由于时间片轮转时间极短，每个用户轮流使用时间片时感受不到其他用户的操作。典型的分时操作系统有 Windows 系列、UNIX、Mac OS 系列操作系统等。

（3）实时操作系统

实时操作系统（Real-Time Operating System，RTOS）是指使计算机能及时响应外部事件的请求，在严格规定的时间内完成对该事件的处理，并控制所有实时设备和实时任务协调一致工作的操作系统。实时操作系统追求的目标是对外部请求在严格时间范围内作出反应，拥有高可靠性和完整性。典型的实时操作系统有 IEMX、VRTX、RTOS 等。

（4）嵌入式操作系统

嵌入式操作系统（Embedded Operating System，EOS）负责对嵌入式系统的全部软、硬件资源进行统一协调、调度、指挥和控制。通常由硬件相关的底层驱动软件、系统内核、设备驱动接口、通信协议、图形界面、标准化浏览器等部分组成。典型的嵌入式操作系统有 IOS、安卓（Android）、COS、Windows Phone 等。

（5）网络操作系统

网络操作系统是基于计算机网络，在各种计算机操作系统基础上按网络体系结构协议标准开发的系统软件，包括网络管理、通信、安全、资源共享及各种网络应用，可实现对多台计算机的硬件和软件资源进行管理、控制、相互通信及资源共享。网络操作系统除了具有一般操作系统的基本功能之外还具有网络管理模块，其主要功能是提供高效、可靠的网络通信能力和多种网络服务。

网络操作系统通常运行在计算机网络系统中的服务器上。典型的网络操作系统有NetWare、Windows Server、UNIX 和 Linux 等。

（6）分布式操作系统

分布式操作系统是由多台计算机通过网络连接在一起而组成的系统，系统中任意两台计算机可以远程调用、交换信息，系统中的计算机无主次之分，系统中的资源被提供给所有用户共享，一个程序可分布在几台计算机上并行地运行，互相协调完成一个共同的任务，优化管理分布式系统资源。分布式操作系统的引入主要是为了增加系统的处理能力、节省投资、提高系统的可靠性。典型的分布式操作系统有 Mach、Amoeba 等。

2. 按用户数量分类

操作系统按用户数量一般分为单用户操作系统和多用户操作系统。其中，单用户操作系统又可以分为单用户单任务操作系统和单用户多任务操作系统。

（1）单用户操作系统

① 单用户单任务操作系统：在一个计算机系统内，一次只能运行一个用户程序，此用户独占计算机系统的全部软硬件资源。

② 单用户多任务操作系统：也是为单用户服务的，但它允许用户一次提交多项任务。

（2）多用户操作系统允许多个用户通过各自的终端使用同一台主机，共享主机中各类资源。典型的多用户多任务操作系统有 Windows NT、Windows Server、UNIX、Linux 等。

2.1.4　典型操作系统介绍

1. DOS 操作系统

早期的磁盘操作系统（Disk Operation System，DOS）是一种单用户、单任务的计算机操作系统。DOS 采用字符界面，必须输入各种命令来操作计算机。这些命令都是英文单词或缩写，比较难于记忆，不利于一般用户操作计算机。进入 20 世纪 90 年代后，虽然 DOS 也推出新的版本由单任务升级为多任务，但仍然没能改变逐步被 Windows 系列操作系统取代的命运。

2. Windows 操作系统

Microsoft 公司成立于 1975 年，是世界上最大的软件公司之一，其产品覆盖操作系统、编译系统、数据库管理系统、办公自动化软件和互联网软件等各个领域。从 1983 年 11 月 Microsoft 公司宣布 Windows 1.0 诞生到今天的 Windows 10，Windows 已经成为风靡全球的计算机操作系统。Windows 操作系统发展历程如表 2-1 所示。

表 2-1　Windows 操作系统发展历程

Windows 版本	推出时间	特　　点
Windows 3.x	1990 年	具备图形化界面，增加 OLE 技术和多媒体技术
Windows NT 3.1	1993 年	Windows NT 系列第一代产品，由微软和 IBM 联合研制，用于商业服务器
Windows 95	1995 年 8 月	脱离 DOS 独立运行，采用 32 位处理技术，支持 Internet

Windows 版本	推出时间	特　点
Windows 98	1998 年 6 月	FAT32 支持，IE 浏览器技术整合桌面，增强多媒体功能
Windows 2000	2000 年 2 月	新的 NTFS 文件系统；EFS，允许对磁盘上的所有文件进行加密，引入"即插即用"先进技术
Windows XP	2001 年 10 月	纯 32 位操作系统，更加安全、稳定，易用性更好
Windows 2003 Server	2003 年 4 月	服务器操作系统，易于构建各种服务器
Windows Vista	2007 年 1 月	Aero 界面，界面美观、安全性和操作性有了许多改进
Windows 7	2009 年 10 月	启动快、功耗更低、多种个性化设置、触控技术、用户体验好
Windows 8	2012 年 10 月	启动更快、占用内存少，拥有触控式交互系统，多平台移植性好
Windows 10	2015 年 7 月	多桌面、多任务、多窗口、中文 Cortana 已整合至开始菜单更换浏览器、提供了全新、丰富的应用商店、触摸控制

3. UNIX 操件系统

UNIX 操作系统于 1969 年在贝尔实验室诞生，它是交互式分时操作系统。

UNIX 取得成功的最重要原因是系统的开放性、公开源代码、易理解、易扩充、易移植性。用户可以方便地向 UNIX 系统中逐步添加新功能和工具，这样可使 UINX 越来越完善，提供更多服务，从而成为有效的程序开发的支持平台。它是可以安装和运行在微型机、工作站以至大型机和巨型机上的操作系统。

UNIX 系统因其稳定可靠的特点在金融、保险等行业得到广泛的应用。

美国苹果公司的 Mac 操作系统就是基于 UNIX 内核开发的图形化操作系统，是苹果机专用系统，一般情况下无法在普通的 PC 上安装。从 2001 年 3 月发布最初的 Mac OS X v10.0 版本到今天的 Mac OS X v10.9 版本，一直以简单易用和稳定可靠著称。

4. Linux 操作系统

Linux 是由芬兰科学家 Linus Torvalds 于 1991 年编写完成的一个操作系统内核。当时，他还是芬兰首都赫尔辛基大学计算机系的学生，在学习操作系统课程时，自己动手编写了一个操作系统原型。Linus 把这个系统放在互联网上，允许自由下载，许多人对这个系统进行改进、扩充、完善，进而逐步地发展完成完整的 Linux 操作系统。

Linux 是一个开放源代码、类 UNIX 的操作系统。它除了继承 UNIX 操作系统的特点和优点以外，还进行了许多改进，从而成为一个真正的多用户、多任务的通用操作系统。

5. 移动终端常用操作系统

移动终端是指可以在移动中使用的计算机设备，具有小型化、智能化和网络化的特点，广泛应用于人们生产生活各领域，如手机、笔记本电脑、POS 机、车载电脑等。移动终端常用的操作系统主要有以下系列。

（1）iOS 操作系统

在 Mac OSX 桌面系统的基础上，苹果公司为其移动终端设备（iPhone、iPod touch、iPad

等）开发了 iOS 操作系统，于 2007 年 1 月发布，原名为 iPhone OS 系统，2010 年 6 月改名为 iOS，最新的版本是 iOS 7，是目前最具效率的移动终端操作系统。

（2）安卓操作系统

美国谷歌公司基于 Linux 平台，开发了针对移动终端的开源操作系统即安卓（Android）操作系统，2008 年 9 月发布了最初的 Android 1.1 版本，目前最新版本是 Android 4.4。由于是开源系统，所以拥有极大地开放性，允许任何移动终端厂商加入到安卓系统的开发中来，使支持安卓系统的硬件设备和应用程序层出不穷，用途包罗万象。应用该系统的主要设备厂商有三星、HTC、摩托罗拉、华为、中兴等。

（3）COS 操作系统

2014 年 1 月中国科学院软件研究院和上海联彤网络通讯技术有限公司在北京联合发布了具有自主知识产权的国产操作系统 COS（China Operating System）。COS 系统采用 Linux 内核，支持 HTML 5 和 Java 应用，具有符合中国消费者行为习惯的界面设计，支持多终端平台和多类型应用、安全快速等特点，可广泛应用于移动终端、智能家电等领域。该系统不开源，所有应用程序只能通过"COS 应用商店"程序下载和安装。目前 HTC、中兴、联想等厂家正在基于 COS 系统平台研发智能手机。

2.2　Windows 7 操作系统概述

Windows 7 是美国微软公司 Windows 操作系统家族目前的主流产品。它不单是对以往 Windows 操作系统版本的简单升级，更重要的是加强了人与计算机之间的互动和沟通，在注重用户体验的同时，还提升了系统的安全性、稳定性和易用性。从 2009 年 10 月发布到 2012 年 9 月短短的三年时间，Windows 7 的占有率已经超越 Windows XP，成为世界上占有率最高的操作系统。微软公司面向不同的用户推出了 Windows 7 Starter（初级版）、Windows 7 Home Basic（家庭基础版）、Windows 7 Home Premium（家庭高级版）、Windows 7 Professional（专业版）、Windows 7 Enterprise（企业版）和 Windows 7 Ultimate（旗舰版）6 个版本。除 Windows 7 初级版外，以上所有的版本都提供了 32 位和 64 位系统，用户可以按照自身的硬件配置和需求购买安装。本章以 Windows 7 Ultimate（旗舰版）32 位系统为蓝本，介绍 Windows 7 的操作和应用。

2.2.1　Windows 7 基本运行环境

Windows 7 操作系统要求的硬件环境，如表 2-2 所示。

表 2-2　Windows 7 的硬件环境

硬件要求	基本配置	建议与基本描述
CPU	1 GHz 的 32 位或 64 位处理器	安装 64 位 Windows 7 需要 1.6 GHz 以上 64 位处理器
内存	1 GB 内存	推荐 2 GB 内存或更高
安装硬盘空间	分区容量至少 40 GB，可用空间不少于 16 GB	安装 64 位 Windows 7，分区容量至少 80 GB，可用空间 20 GB 及以上

硬件要求	基本配置	建议与基本描述
显卡	Directx 9 显卡支持，WDOM 1.0 或更高版本显存 128 MB 及以上（开启 AERO 效果）	安装 64 位 Windows 7 显存 512 MB 及以上，如果低于此标准，Aero 主题特效可能无法实现
光驱	DVD 光驱	
其他	微软兼容的键盘及鼠标	

2.2.2　Windows 7 安装过程

Windows 7 操作系统的安装方式可分为全新安装、从现有 Windows 系统中升级安装和多系统安装。为确保 Windows 7 操作系统安装完成之后可以流畅运行，安装前可以借助微软提供的 Windows 7 Upgrade Advisor 程序来检测系统兼容性。

1. 全新安装

首先，在 BIOS 中设置启动顺序为光盘优先，再将 Windows 7 安装光盘插入光驱，重新启动计算机。计算机从光盘启动后将自动运行安装程序。按照屏幕提示，用户即可顺利完成安装。

2. 升级安装

在 Windows XP 或 Windows Vista 系统上升级安装。首先启动现有系统，关闭所有程序；将 Windows 7 光盘插入光驱，系统会自动运行并弹出安装界面，单击"升级"选项安装即可。如果光盘没有自动运行，可双击光盘根目录下的 setup.exe 文件开始安装。

对于 Windows XP 用户升级安装之后系统不会备份任何用户资料，用户升级前要做好备份工作；对于 Windows Vista 用户，原有的应用程序和用户数据将被自动迁移到 Windows 7 操作系统中。

3. 多系统安装

如果用户需要安装一个以上的 Windows 系列操作系统，则按照由低到高的版本顺序全新安装即可。例如，安装完 Windows XP 后再安装 Windows 7。

如用户需要在 Windows 7 操作系统的基础上安装 Linux 操作系统，则需要在 Windows 7 系统下运行 Linux 系统安装盘，在确保两个系统不共用系统分区且有足够硬盘空间的前提下，按照提示完成安装即可。

2.2.3　Windows 7 系统特色

Windows 7 的设计主要围绕 5 个重点——针对笔记本电脑的特有设计；基于应用服务的设计；用户的个性化；视听娱乐的优化；用户易用性的新引擎。跳跃列表、系统故障快速修复等，这些新功能令 Windows 7 成为最易用的 Windows。

1. 简单易用

简化安装操作流程，提供快速的本地、网络和互联网信息搜索功能。

简化了许多设计，如快速最大化、窗口半屏显示、跳转列表（Jump List）、系统故障快速修复等。

2. 界面绚丽

引入 Aero Peek 功能，利用图形处理器进行资源加速，窗口操作流畅，提升了用户体验。

3. 效率更高

系统集成的搜索功能非常的强大，只要用户打开"开始"菜单并开始输入搜索内容，无论要查找应用程序，还是文本文档等，搜索功能都能自动运行，给用户的操作带来极大的便利。

Windows 7 系统资源管理器的搜索框在菜单栏的右侧，可以灵活调节宽窄。它能快速搜索 Windows 中的文档、图片、程序、Windows 帮助，甚至网络信息。Windows 7 系统的搜索是动态的，当我们在搜索框中输入第一个字的时候，Windows 7 的搜索就已经开始工作，大大提高了搜索效率。

提高多核心处理器的运行效率，内存和 CPU 占用较少，启动和关闭迅速，在笔记本电脑中的运行速度很快。

4. 节能降耗

Windows 7 对空闲资源能耗、网络设备能耗、CPU 功耗等方面进行动态调节，极大地降低能耗。

5. 融合创新

Windows 7 提供对触摸屏设备多点触控、固态硬盘主动识别等新技术和新设备的支持。

6. 更加安全

Windows 7 提供用户账户控制、多防火墙配置文件等技术，增强系统安全性，并将数据保护和管理扩展到了外围设备。

2.3 Windows 7 的基本操作

2.3.1 Windows 7 启动与退出

1. 启动 Windows 7

启动 Windows 7 操作系统操作方法如下。

STEP 1 首先打开外设电源开关，最后打开主机电源开关。如果计算机中有多个操作系统，则屏幕将显示"请选择要启动的操作系统"界面，选择 Windows 7 操作系统，按"Enter"键即可。

STEP 2 进入 Windows 7 操作系统，显示选择用户界面，如图 2-1 所示。

图 2-1　选择用户登录界面

STEP 3 单击用户名，如果没有设置用户密码，可以直接登录系统，否则需要在密码输入框中输入密码，按"Enter"键即可。

2.退出 Windows 7

在退出操作系统之前，需要先关闭所有已经打开或正在运行的程序，单击"开始"按钮，在弹出的"开始"菜单中单击"关机"按钮即可。

2.3.2 Windows 7 桌面、窗口及菜单

1.Windows 7 桌面

启动 Windows 7 后，界面如图 2-2 所示。该界面被称为桌面，桌面是打开计算机并登录到 Windows 之后看到的主屏幕区域。它是组织和管理资源的一种有效的方式。正如日常的办公桌面常常搁置一些常用办公用品一样，Windows 7 也利用桌面承载各类系统资源。桌面主要包含桌面背景、"开始"按钮、图标和任务栏等内容。

图 2-2　Windows 7 操作系统界面

桌面背景是屏幕上的主体部分显示的图像，其作用是美化用户界面。

图标是代表文件、文件夹、程序和其他项目的小图片。首次启动 Windows 时，在桌面上至少看到一个图标：回收站。计算机制造商可能已将其他图标添加到桌面上。双击这些图标可以打开文件夹，或启动某一应用程序。用户可以对桌面图标自行设置图标样式。

Windows 7 系统安装完成后，在默认情况下桌面上只显示"回收站"图标，添加其他图标可在桌面空白区域单击鼠标右键，在出现的菜单中选择"个性化"命令，在弹出"个性化"窗口中选择"更改桌面图标"命令，打开"桌面图标设置"对话框，在"桌面图标"选项卡内可以选中或取消在桌面显示的图标。常用图标一般包括"用户文档""计算机""网络""Internet Explorer"等。

- "用户文档"：用于存储用户各种文档的默认文件夹；
- "计算机"：用于组织和管理计算机中的软硬件资源，其功能等同"Windows 资源管理器"；
- "网络"：用于浏览本机所在的局域网的网络资源；
- "Internet Explorer"：用于浏览互联网上的内容；
- "回收站"：用于暂存、恢复或永久删除已删除的文件或文件夹。

任务栏位于桌面底部，包括"开始"按钮、快速启动栏、应用程序栏、通知区域和显示桌面按钮，如图 2-3 所示。

"开始"按钮　快速　　　　　　　　　应用程序栏　　　　　　通知区域　　　　"显示桌面"按钮
　　　　　　　启动栏

图 2-3　任务栏

（1）"开始"按钮

单击"开始"按钮，弹出"开始"菜单，在"开始"菜单中集成了系统的所有功能，如图 2-4 所示。

该菜单分为两列，左侧列出最常用的程序列表，这种风格便于用户方便地访问常用程序，提高工作效率；右侧区域放置了使用频率较高的文档、控制面板等内容。菜单的底部有"所有程序"命令、"关机"按钮和"搜索栏"对话框。

① 选择"所有程序"命令，在打开的菜单中将显示本机上安装的所有程序；

② 鼠标指向"关机"按钮右侧箭头，将弹出"切换用户""注销""锁定""重新启动""睡眠"命令，如图 2-5 所示。

图 2-4　"开始"菜单

图 2-5　"关机"按钮和相关命令

选择"切换用户"和"注销"命令，系统都将注销当前用户，返回用户切换界面。但选择"切换用户"命令是将当前用户的工作转入后台挂起，暂时启用另一用户的工作；选择"注销"命令是将当前用户的所有程序关闭，再更换用户。

选择"锁定"命令可使系统返回用户切换界面，在该界面中单击用户图标可以解除锁定。

选择"睡眠"命令，系统将处于待机状态，系统功耗降低，单击鼠标左键或按回车键即可唤醒系统。

选择"重新启动"命令，系统将重新启动。

③ 在"搜索程序和文件"对话框中用户输入需要查找如程序或文件夹等本地内容的关键词，"开始"菜单会同步显示相应的搜索结果。

（2）快速启动栏

此栏用于快速启动应用程序。单击此栏中的某个程序图标，即可打开对应的应用程序；当鼠标指针停在某个程序图标上时，将会显示该程序的提示信息。

（3）应用程序栏

此栏用于放置已经打开窗口的最小化图标。当前显示窗口图标呈高亮状态，如果用户要激活其他的窗口，只需要用鼠标单击"应用程序"栏中相应窗口图标即可。

（4）通知区域

在该区域中显示了时间指示器、输入法指示器、扬声器控制指示器和系统运行时常驻内存的应用程序图标。

① 时间指示器：用于显示系统当前的时间；

② 输入法指示器：用来帮助用户快速选择输入法；

③ 扬声器控制指示图标：用于调整扬声器的音量大小。

（5）"显示桌面"按钮

该按钮位于任务栏的最右侧，用鼠标单击该按钮时，所有已打开窗口将最小化到"任务栏"，用户直接回到系统桌面视图。

2. Windows 7 窗口

（1）窗口的分类和组成

Windows 7 的窗口一般分为应用程序窗口、文档窗口和对话框 3 类。

① 应用程序窗口

应用程序窗口是应用程序运行时的人机界面，一般由标题栏、地址栏、搜索栏、菜单栏、工具栏、导航区、状态栏等组成。例如双击桌面上的"计算机"图标，打开"计算机"程序窗口，如图 2-6 所示。

图 2-6　"计算机"程序窗口

标题栏：位于窗口顶部，用于显示窗口中运行的程序名或主要内容。包括控制按钮、窗口标题、"最小化" ▬ "最大化" ▢ （"还原" ▣ ）按钮和"关闭"按钮 ▬ 。

地址栏：位于标题栏下方，用于标识程序当前的工作位置。

菜单栏：位于地址栏的下方，它由多个菜单组成，每一个菜单又可以包含一组菜单命令以供选择，通过菜单命令可以完成多种操作。

工具栏：位于菜单栏的下方，提供了调用系统各种功能和命令的按钮，操作非常快捷（图 2-6 中没有具体的工具栏，所标位置是窗口中常出现的位置，具体样式可参见图 2-7）。

搜索栏：位于地址栏右侧，可快速搜索本地文件或程序。

导航区：位于菜单栏左下方，列出了用户经常能用到的一些储存文件的位置。

状态栏：位于窗口的底部，显示用户当前所选对象或菜单命令的简短说明。

工作区：用于显示窗口当前工作主题的内容，一般由操作对象、水平滚动条、垂直滚动条等组成。

一般情况下，导航区包括几个选项组，用户可以通过单击选项组名称左侧箭头"□"来隐藏或显示其具体内容。

"收藏夹"选项组：以链接的形式为用户提供了计算机上其他的位置，在需要使用时，可以快速转到需要的位置，打开所需要的其他文件，包含"下载""桌面""最近访问的位置"。

"库"选项组："库"是 Windows 7 提供的一种全新的文件容器，它可将分散在不同位置的本地文件集中显示，便于用户查找，有 4 个默认的"库"，即"文档"库、"音乐"库、"图片"库和"视频"库。

"计算机"选项组和"网络"选项组：分别是指向"计算机"和"网络"程序的超链接。

② 文档窗口

文档窗口只能出现在应用程序窗口之内（应用程序窗口是文档窗口的工作平台），主要用于编辑文档，它共享应用程序窗口中的菜单栏。当文档窗口打开时，用户从应用程序菜单栏中选择的命令同样会作用于文档窗口或文档窗口中的内容。例如"写字板"文档窗口，如图 2-7 所示。

图 2-7 "写字板"文档窗口

菜单栏和工具栏：提供了文本编辑的功能；

标尺：显示文本宽度的工具，默认单位是厘米；

文本编辑区：用于输入和编辑文本的区域。

③ 对话框

对话框是 Windows 和用户进行信息交流的一个界面，Windows 为了完成某项任务而需要从用户那里得到更多的信息时，就需要使用对话框。例如"打印"对话框，如图 2-8 所示。

图 2-8 对话框窗口

命令按钮：单击命令按钮可立即执行命令。通常对话框中至少会有一个命令按钮。

文本框：文本框是要求输入文字的区域，直接在文本框中输入文字即可。

数值框：用于输入数值信息。用户也可以单击该数值框右侧的向上或向下的微调按钮来改变数值。

单选按钮：单选按钮一般用一个圆圈表示，如果圆圈带有一个蓝色实心点，则表示该项为选定状态；如果是空心圆圈，则表示该项未被选定。单选按钮是一种排他性的设置，选定其中一个，其他的选项将处于未选定状态。

复选框：复选框一般用方形框（或菱形）表示，用来表示是否选中该选项。若复选框中有"√"符号，则表示该项为选中状态；若复选框为空，则表示该项没有被选中。若要选中或取消选中某一选项，则单击相应的复选框即可。

列表框：列表框列出了可供用户选择的选项。列表框常常带有滚动条，用户可以拖动滚动条显示相关选项并进行选择。

下拉列表框：下拉列表框是一个单行列表框。单击其右侧的下拉按钮，将弹出一个下拉列表，其中列出了不同的信息以供用户选择。

另外，对话框中还可能出现如下内容。

选项卡：选项卡表示一个对话框由多个部分组成，用户选择不同的选项卡将显示不同的信息。

滑块：拖动滑块可改变数值大小。

帮助按钮：在一些对话框的标题栏右侧会出现一个" ？ "按钮，单击该按钮，然后单击某个项目，就可获得有关该项目的帮助。

在打开对话框后，可以选择或输入信息，然后单击"确定"按钮关闭对话框；若不需要对其进行操作，可单击"取消"或"关闭"按钮关闭对话框。

（2）窗口操作

窗口的操作主要包括移动窗口、缩放窗口、切换窗口以及窗口的排列，具体操作如下。

① 移动窗口：只需要将鼠标指针移动至窗口的标题栏上，按住鼠标左键拖动，即可把窗口放到桌面的任何地方。

② 缩放窗口：每个窗口的右上角都有"最小化"按钮、"最大化/还原"按钮，通过它们可迅速放大或缩小窗口。单击"最大化"按钮，窗口就会充满整个屏幕，此时，"最大化"按钮将变为"还原"按钮，单击该按钮，可将窗口恢复到原来状态。单击"最小化"按钮，窗口会被最小化，即隐藏在桌面任务栏中，单击任务栏上该程序的图标时，又可以将窗口还

原到原来的大小。"对话框"窗口是不能进行缩放的。

除了可以使用按钮来控制窗口的大小外，还可以使用鼠标来改变窗口的大小。将鼠标指针移动到窗口的边缘或 4 个角上的任意位置，当鼠标指针变成双向箭头的形状时，拖动鼠标就可以实现改变窗口大小的目的。

③ 切换窗口：当桌面打开有多个窗口时，通过使用任务栏按钮可以快速切换窗口。任务栏按钮代表打开的文件、文件夹或程序，并位于任务栏上，具体方法是：单击与要切换到的窗口相对应的任务栏按钮；也可以利用"Alt+Tab"快捷键进行切换，具体方法是：按住"Alt"键，再按"Tab"键，在桌面上将出现一个任务框，它显示了桌面上所有窗口的缩略图，如图 2-9 所示，此时，再按"Tab"键，可选择下一个图标。选定程序图标，放开"Alt"键，相应的程序窗口就会成为当前工作窗口。

在 Windows 7 中，当用户打开很多窗口或程序时，系统会自动将相同类型的程序窗口编为一组，此时切换窗口就需要将鼠标指针移到任务栏上，单击程序组图标，弹出一个菜单，如图 2-10 所示，然后在菜单上选择要切换的程序选项即可。

图 2-9　窗口切换任务框

图 2-10　在程序组中切换窗口

④ 窗口排列：在任务栏空白处单击鼠标右键，弹出快捷菜单，用户可从中选择相应的命令以设置窗口的排列方式，如图 2-11 所示，窗口排列分为层叠窗口、堆叠显示窗口、并排显示窗口和显示桌面。

图 2-11　窗口排列菜单

3. Windows 7 菜单

Windows 7 中的菜单一般包括"开始"菜单、下拉菜单、快捷菜单、控制菜单等。

（1）打开菜单

① 下拉菜单：单击菜单栏中相应的菜单，即可打开下拉菜单。

② 快捷菜单：是关于某个对象的常用命令快速运行的弹出式菜单，右键单击对象即可弹出。

③ 控制菜单：单击窗口左上角的控制图标，或鼠标右键单击标题栏均可打开控制菜单。

（2）关闭菜单

打开菜单后，用鼠标单击菜单以外的任何地方或按"Esc"键，就可以关闭菜单。

（3）菜单中常用符号的含义

菜单中含有若干命令，命令上的一些特殊符号有着特殊的含义，具体内容如下。

① 暗色显示的命令：表示该菜单命令在当前状态下不能执行；

② 命令后带有省略号（…）：表示执行该命令将打开对话框；

③ 命令前有"√"标记：表示该命令正在起作用，再次单击该命令可删除"√"标记，则该命令将不再起作用；

④ 命令前有"·"标记：表示在并列的几项功能中，每次只能选择其中一项；

⑤ 命令右侧的快捷键：表示在不打开菜单的情况下，使用该快捷键可直接执行该命令；

⑥ 命令左侧的"□"标记：表示执行该命令将会打开一个级联菜单。

2.3.3 鼠标和键盘操作

1. 鼠标基本操作

最基本的鼠标操作方法有以下几种。

（1）指向：把鼠标移动到某一对象上，一般可以用于激活对象或显示提示信息；

（2）单击（左键）：将鼠标左键按下、释放，用于选定某个对象或某个选项、按钮等；

（3）右击（右键单击）：鼠标右键按下、释放，会弹出对象的快捷菜单或帮助提示；

（4）双击：快速连续按下并释放鼠标左键两次，用于启动程序或窗口；

（5）拖动：单击对象，按住左键，移动鼠标，在另一位置释放鼠标左键；常用于滚动条操作、标尺滑块操作或复制、移动对象操作。

2. 键盘基本操作

利用键盘可以实现 Windows 7 提供的一切操作功能，利用其快捷键与组合键，还可以大大提高工作效率。如表 2-3 所示，列出了 Windows 7 提供的常用快捷键。

表 2-3　Windows 7 常用快捷键与组合键

按　　键	功　　能
F1	显示帮助
F2	重命名选定项目
F3	搜索文件或文件夹
F4	在 Windows 资源管理器中显示地址栏列表
F5	刷新活动窗口
F6	在窗口中或桌面上循环切换屏幕元素
Ctrl+A	选择文档或窗口中的所有项目
Ctrl+C	复制选择的项目
Ctrl+X	剪切选择的项目
Ctrl+V	粘贴选择的项目
Ctrl+Z	撤销操作
Ctrl+Y	重新执行某项操作
Ctrl+ Shift	各种输入法的切换
Ctrl+空格键	中文切换
Ctrl+.	中英文标点切换
⊞+D	显示桌面
⊞+M	最小化所有窗口
⊞+E	打开"资源管理器"窗口
Shift+Delete	不先将所选项目移动到"回收站"而直接将其删除
Alt+Enter	显示所选项的属性
Alt+F4	关闭活动项目或者退出活动程序

按　　键	功　　能
Alt+空格键	为活动窗口打开快捷方式菜单
Ctrl+F5	在 IE 中强行刷新
Alt+Tab	在打开的项目之间切换
Ctrl+Alt+Tab	使用箭头键在打开的项目之间切换
Alt+Esc	以项目打开的顺序循环切换项目
Shift+空格键	全角/半角切换
Ctrl+Esc	打开「开始」菜单
Print Screen	将当前屏幕复制到剪贴板
Alt+Print Screen	将当前活动窗口复制到剪贴板
Esc	取消当前任务
Ctrl+Shift+Esc	打开任务管理器
插入 CD 时按住 Shift	阻止 CD 自动播放

2.3.4　使用帮助

Windows 提供了一种综合的联机帮助系统，借助帮助系统，用户可以方便、快捷地找到问题的答案，从而更好地"驾驭"计算机。

1. 利用帮助窗口

在系统任意位置按"F1"键，或在应用程序窗口的"菜单栏"单击"获取帮助"按钮，将打开"Windows 帮助和支持"对话框，如图 2-12 所示。

若要通过一个特定的词或词组来搜索相关的帮助信息，则可以在"搜索"文本框中输入所要查找的内容后，单击"查找"按钮即可。

若要查看帮助内容的索引列表，可单击工具栏上的"浏览帮助"按钮，在列出的目录中选择需要查找的帮助内容，系统会自动显示相关问题帮助的主题和类别。

2. 其他求助方法

除了可以利用 Windows 的"帮助和支持"窗口获取帮助外，用户还可以使用以下两种方法得到帮助和提示信息。

（1）获取对话框中特定项目的帮助信息

当用户对对话框中的内容不知如何操作时，可单击对话框右上角的"帮助"按钮。

图 2-12　"Windows 帮助和支持"窗口

（2）获取"菜单"栏和"任务"栏的提示信息

菜单栏上有许多菜单名称和图标按钮，将鼠标指针指向"菜单"栏或"任务"栏某个菜单名称、图标以及最小化的窗口图标时，稍候将会显示简单提示信息。

2.4　Windows 7 文件和文件夹管理

计算机系统中的数据是以文件的形式保存于外部存储介质上的，为了便于管理，文件通常存储在文件夹中。

2.4.1　文件和文件夹

1. 文件

（1）文件的命名

文件是用文件名标识的一组相关信息集合，可以是文档、图形、图像、声音、视频、程序等。

文件名一般由主文件名和扩展名组成，其格式为：

<主文件名>［.扩展名］

在 Windows 7 中，文件的主文件名不能省略，由一个或多个字符组成，最多可以包含 255 个字符，可以是字母（不区分大小写）、数字、下画线、空格以及一些特殊字符，如 "@" "#" "$" "%" "^" "!" "{}" 等，但不能包含 ":" "*" "?" "|" "<" ">" """ "\" "/" 等字符。

在 Windows 7 中，扩展名有系统定义和自定义两类。系统定义扩展名一般不允许改变，有 "见名知类" 的作用。自定义扩展名可以省略或由多个字符组成。

系统文件的主文件名和扩展名由系统定义。用户文件的主文件名可由用户自己定义（文件的命名应做到 "见名知义"），扩展名一般由系统约定。

在定义文件名时可以是单义的，也可以是多义的。单义是指一个文件名对应一个文件，多义是指通过通配符来实现代表多个文件。

通配符有两种，分别为 "*" 和 "?"。"*" 为多位通配符，代表文件名中从该位置起的多个任意字符，如 A*代表以 A 开头的所有文件。"?" 为单位通配符，代表该位置上的一个任意字符，如 B? 代表文件名只有两个字符且第一个字符为 B 的所有文件。

（2）文件类型

文件类型很多，不同类型的文件具有不同的用途，一般文件的类型可以用其扩展名来区分。常用类型文件的扩展名是有约定的，对于有约定的扩展名，用户不应该随意更改，以免造成混乱，常用的文件扩展名如表 2-4 所示。

表 2-4　常用文件扩展名

扩展名	文件类型	扩展名	文件类型	扩展名	文件类型
TXT	文本文件	DOCX	Word 2010 文件	XLSX	Excel 2010 文件
PPTX	ProwerPoint 2010 文件	JPG	图像文件	MP3	音频文件
WMV	视频文件	RAR	压缩文件	EXE	可执行文件
SYS	系统配置文件	COM	系统命令文件	TMP	临时文件
BAK	备份文件	BAT	批处理文件	HTM	主页文件
HLP	帮助文件	OBJ	目标文件	ASM	汇编语言源文件
C	C 语言源程序	CPP	C++源文件	ACCDB	Access 2010 文件

此外，Windows 中将一些常用外部设备看作文件。这些设备名又称保留设备名。用户给自己的文件起名的时候，不能用这些设备名。常用设备文件名如表 2-5 所示。

表 2-5　常用设备文件名

设备文件名	外部设备	设备文件名	外部设备
COM1	异步通信口 1	COM2	异步通信口 2
CON	键盘输入，屏幕输出	LPT1（PRN）	第一台并行打印机
LPT2	第二台并行打印机	NUL	空设备

2. 文件夹及路径

（1）文件夹

文件夹可以理解为用来存储文件的容器，便于用户使用和管理文件。在 Windows 7 中，文件夹是按树形结构来组织和管理的，如图 2-13 所示。

文件夹树的最高层称为根文件夹，一个逻辑磁盘驱动器只有一个根文件夹。在根文件夹中建立的文件夹称为子文件夹，子文件夹还可以再包含子文件夹。如果在结构上加上许多子文件夹，它便形成一棵倒置的树，根在上，树枝在下。这也称为多级文件夹结构。

除了根文件夹以外的所有文件夹都必须有文件夹名，文件夹的命名规则和文件的命名规则类似，但一般不需要扩展名。

图 2-13　树形文件夹结构

（2）路径

① 路径：在文件夹的树形结构中，从根文件夹开始到任何一个文件都有唯一一条通路，该通路全部的结点组成路径。路径就是用"\"隔开的一组文件夹及该文件的名称。

② 当前文件夹：指正在操作的文件所在的文件夹。

③ 绝对路径和相对路径：绝对路径是指以根文件夹"\"开始的路径；相对路径是指从当前文件夹开始的路径。

在图 2-13 中，通讯录.doc 文件的绝对路径为：C:\admin\联系人\通讯录\通讯录.xlsx。

2.4.2　文件和文件夹操作

1. 新建文件或文件夹

新建文件或文件夹有多种方法。常用方法是利用"计算机"或"资源管理器"。操作步骤如下。

STEP 1 在"计算机"或"资源管理器"窗口中，选择需要新建文件或文件夹的位置。

STEP 2 在"菜单"栏的"文件"菜单中，选择"新建"命令，在级联菜单中选择"文件夹"或需创建的文件类型命令；或右击工作区的空白处，在弹出的快捷菜单中选择"新建"命令也可完成。

STEP 3 在窗口中会显示一个新的文件夹或文件，可以对其命名。

2. 打开及关闭文件或文件夹

（1）打开文件或文件夹的常用方法

双击需要打开的文件或文件夹。

右击需要打开的文件或文件夹，在弹出的快捷菜单中选择"打开"命令。

（2）关闭文件或文件夹的常用方法

在打开的文件或文件夹窗口中单击"文件"菜单，选择"关闭"（"退出"）命令。

单击窗口中标题栏上的"关闭"按钮。

使用"Alt+F4"组合键。

另外，在打开的文件夹窗口中若单击"返回"或"前进"按钮，也可关闭当前文件夹，返回到浏览过的上一级或下一级文件夹。

3. 选定文件或文件夹

在 Windows 7 操作系统中，若要对某一对象进行操作，就必须先选定。选定文件或文件夹的常用方法如下。

（1）选定单项：单击要选定的文件或文件夹即可将其选中；

（2）拖动选定相邻项：用鼠标拖动框选要选定的文件或文件夹；

（3）连续选定多项：单击第一个要选定的文件或文件夹，按住"Shift"键不放，单击要选定的最后一项，则两项之间的所有文件或文件夹都将被选定；

（4）任意选定：按住"Ctrl"键，依次单击要选定的文件或文件夹即可；

（5）全部选定：如果要选定某个驱动器或文件夹中的全部内容，可在"菜单"栏的"编辑"菜单中选择"全选"命令，或按"Ctrl+A"组合键；

（6）反向选定：在"菜单"栏的"编辑"菜单中选择"反向选择"命令，即可选定当前未选定的对象，同时取消已选定对象。

4. 复制、移动文件或文件夹

（1）利用剪贴板

剪贴板实际上是系统在内存中开辟的一块临时存储区域，专门用来存储用户剪切或复制下来的文件、文本、图形等内容。剪贴板上的内容可以无数次地粘贴到用户指定的不同位置上。

另外，Windows 7 还可以将整个屏幕或活动窗口复制到剪贴板中。按下"Print Screen"键可以将整个屏幕复制到剪贴板，按下"Alt+PrintScreen"组合键可以将当前活动窗口复制到剪贴板。

① 使用"编辑"菜单。先选定操作对象，在"编辑"菜单中，选择"复制"（"剪切"）命令；打开目标文件夹，在"编辑"菜单中，选择"粘贴"命令，即可完成复制（移动）。

② 使用"组织"菜单。在"组织"下拉菜单中的快捷按钮命令可以实现复制、剪切和粘贴文件或文件夹的操作。先选定操作对象，单击"复制"（"剪切"）命令，打开目标文件夹，单击"粘贴"命令，即可完成复制（移动）。

③ 使用快捷菜单。右击操作对象，在弹出的快捷菜单中选择"复制"（"剪切"）命令，然后打开目标文件夹，右击目标位置，在弹出的快捷菜单中选择"粘贴"命令，即可完成复制（移动）。

④ 使用键盘组合键。可以方便地进行复制、移动操作。

"复制"（"Ctrl＋C"）：将用户选定的内容复制一份放到剪贴板上；

"剪切"（"Ctrl＋X"）：将用户选定的内容剪切移动到剪贴板上；

"粘贴"（"Ctrl＋V"）：将"剪贴板"上的内容复制到当前位置。

先选定操作对象，然后按"Ctrl+C"（"Ctrl+X"）组合键，打开目标文件夹，再按"Ctrl+V"组合键，即可完成复制（移动）。

（2）使用鼠标拖动

先选定操作对象，将其拖动到目标文件夹中。

不同磁盘驱动器中拖动，则完成复制操作，在拖动过程中若按住"Shift"键，则完成移动操作。

同一磁盘驱动器中拖动，则完成移动操作，在拖动过程中若按住"Ctrl"键，则完成复制操作。

（3）使用"发送到"命令

先选定操作对象，在"菜单"栏的"文件"菜单中，选择"发送到"命令，或右击选中的操作对象，在弹出的快捷菜单中选择"发送到"命令，选择目的地址，随后系统开始复制，并弹出相应对话框给出进度提示。

5. 删除、恢复文件或文件夹

（1）删除文件或文件夹

为了保持计算机中文件系统的整洁，同时也为了节省磁盘空间，需要经常删除一些没有用的或损坏的文件和文件夹。删除文件或文件夹的常用操作方法如下。

① 在"计算机"或"资源管理器"窗口中右击要删除的文件或文件夹，在弹出的快捷菜单中选择"删除"命令；

② 选定要删除的文件或文件夹，单击"文件"菜单，选择"删除"命令；

③ 选定要删除的文件或文件夹，然后按"Delete"键；

④ 选定要删除的文件夹，然后用鼠标将其拖动到桌面的"回收站"图标上。

执行以上任意一个操作之后，系统都将显示"确认删除"对话框。单击"是"按钮，则将所选择的文件或文件夹送到"回收站"；单击"否"按钮，则将取消本次删除操作。

执行前面几个操作后，可以发现当前被删除的文件或文件夹被转移到"回收站"，但如果删除的文件或文件夹存储在移动设备上，如移动硬盘、U盘，则不经过回收站，直接删除，不可恢复。

如果用户要不经"回收站"彻底删除文件或文件夹，则可以按住"Shift"键，再执行上述删除操作。

若想清除回收站中的文件或文件夹，方法是双击桌面上的"回收站"图标，打开"回收站"窗口，选定要清除的对象，在"文件"菜单中（或右击选定的对象，在弹出的快捷菜单中）选择"删除"命令；若需要删除回收站中的全部内容，在"文件"菜单中（或右击"回收站"图标，在弹出的快捷菜单中）选择"清空回收站"命令。

（2）恢复文件或文件夹

如果要恢复被删除的文件或文件夹，则可从"回收站"中恢复该文件或文件夹。方法是双击桌面上的"回收站"图标，打开"回收站"窗口，选定要恢复的对象，在"文件"菜单中（或右击选中的对象，在弹出的快捷菜单中）选择"还原"命令，文件还原到被删除的位置。

6. 重命名文件或文件夹

文件或文件夹的重命名操作步骤如下。

STEP 1 在"计算机"或"资源管理器"窗口中选定要重命名的文件或文件夹；

STEP 2 在"文件"菜单中（或右击要重命名的文件或文件夹，在弹出的快捷菜单中）选择"重命名"命令，使文件或文件夹的名称处于编辑状态；

STEP 3 输入新名称，按"Enter"键确认即可完成重命名操作。

7. 搜索文件或文件夹

Windows 7 随处可见的搜索功能是系统的一大特色，可以在"开始"菜单、"资源管理器"、Windows 图片库和 Windows Media Player 的搜索对话框中输入关键字，都能够搜索相应的文件和文件夹。

单击"开始"按钮，可在左下部搜索对话框中输入搜索关键字，在输入的同时系统同步显示搜索结果，如图 2-14 所示；也可在 Windows 资源管理器中，在搜索栏中输入关键字，如图 2-15 所示，并可以通过定义在搜索栏下方提供的"修改日期"和"大小"两个选项，缩小搜索范围。如果当前位置没有找到所需文件，用户可以通过选择工作区窗口下方"库""家庭组""自定义""Internet"或"文件内容"等选项，更改搜索位置，进行再次搜索。

图 2-14 "搜索程序和文件"输入框

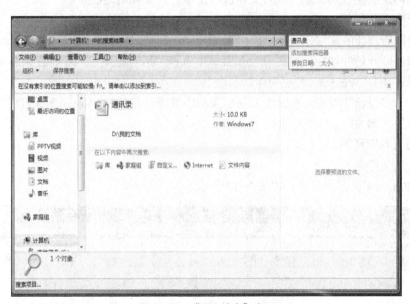

图 2-15 "再次搜索"窗口

8. 文件和文件夹快捷方式创建

在 Windows 中，快捷方式可以帮助用户快速打开应用程序、文件或文件夹。快捷方式的图标与普通图标不同，它的左下角有一个小箭头。在桌面创建快捷方式的操作步骤如下。

STEP 1 右击桌面空白处，在弹出的快捷菜单中选择"新建"命令，在级联菜单中选择"快捷方式"命令，打开"创建快捷方式"对话框。

STEP 2 在该对话框中，单击"浏览"按钮选定对象，单击"下一步"按钮。

STEP 3 输入快捷方式名称，然后单击"完成"按钮。

还可以使用鼠标右键创建快捷方式：右击要创建快捷方式的对象，在弹出的快捷菜单中选择"发送到桌面快捷方式"命令，即可在桌面上创建该项目的快捷方式。

9. 文件或文件夹属性查看

在 Windows 7 中，文件或文件夹一般有 4 种属性：只读、隐藏、存档和索引、压缩或加密。查看属性的方法是先选定要查看属性的对象，在"文件"菜单中选择"属性"命令，打开"属性"对话框，如图 2-16 所示。

在"属性"对话框的"常规"选项卡中显示了文件夹的大小、位置、类型等，用户可以选中不同的复选框以修改文件的属性。

图 2-16　文件属性对话框

2.4.3　资源管理器

"Windows 资源管理器"是用于管理计算机所有资源的应用程序。通过资源管理器可以运行程序、打开文档、新建、删除文件、移动和复制文件、启动应用程序、连接网络驱动器、打印文档和创建快捷方式，还可以对文件进行搜索、归类和属性设置。

1. 打开资源管理器

打开资源管理器的常用方法如下。

（1）单击"开始"按钮，在"开始"菜单中选择"所有程序"命令，在级联菜单中选择"附件"菜单中的"Windows 资源管理器"命令。

（2）右击"开始"按钮，在弹出的快捷菜单中选择"打开 Windows 资源管理器"命令。

（3）使用"▦+E"组合键。

2. 使用资源管理器

（1）浏览文件夹

打开 Windows 资源管理器，如图 2-17 所示。

图 2-17　"资源管理器"窗口

"资源管理器"窗口的左侧是"文件夹"窗格，通过树形结构能够查看整个计算机系统的组织结构以及所有访问路径的详细内容。

如果文件夹图标左边带有"▷"（或"⊞"）符号，则表示该文件夹还包含子文件夹，单击该文件夹或文件夹前的符号，将显示所包含的文件夹结构，再次单击该文件夹前的符号，可折叠文件夹。

当用户从"文件夹"窗格中选定一个文件夹时，在右侧窗格中将显示该文件夹下包含的文件和子文件夹。

（2）调整窗格

如果要调整"文件夹"窗格的大小，则将鼠标指针指向两个窗格之间的分隔条上，当鼠标指针变成"↔"形状时，按住鼠标左键并向左右拖动分隔条，即可调整"文件夹"窗格的大小。

（3）设置文件夹窗口的显示方式

① 查看方式：用户可以按需要来改变文件夹窗口中文件和文件夹的显示方式。最快捷的方法就是单击工具栏中的"更改您的视图"按钮，显示下拉菜单，如图2-18所示，在菜单中直接选择所需要的图标大小及排列方式。

② 排序方式：用户可以按自己需要的方式在窗口中对图标进行排序。右击窗口空白处，在弹出的快捷菜单中选择"排序方式"级联菜单中的相应排列方式，如图2-19所示，可按文件或文件夹的名称、修改日期、类型、大小等方式排列图标，并可选择按照以上属性的递增或递减顺序排列。

图2-18 "更改视图"按钮下拉菜单　　　　　图2-19 鼠标右键快捷菜单

2.5 Windows 7 系统设置

"控制面板"是Windows 7为用户提供个性化系统设置和管理的一个工具箱，所包含的设置几乎控制了有关Windows外观和工作方式的所有参数设置。可以通过选择"开始"菜单中的"控制面板"命令，打开"控制面板"窗口。

2.5.1 控制面板的查看方式

"控制面板"窗口提供了两种视图模式："类别"视图与"图标"视图模式。"类别"视图模式将计算机管理设置分类罗列，每一类下再划分功能模块，如图2-20所示；"图标"视图模式将所有管理设置图标全部显示在一个窗口中，便于查找，如图2-21所示。两种视图可以利用窗口中的"查看方式"选项切换。

图 2-20 "类别"视图下的"控制面板"窗口　　　　图 2-21 "图标"视图下的"控制面板"窗口

2.5.2　个性化的显示属性设置

Windows 7 提供了个性化的系统显示设置，包括改变桌面背景、设置屏幕保护程序、窗口外观、色彩模式和分辨率等。

要进入系统显示设置窗口，可以在"控制面板"窗口的"类别"视图模式中，单击"外观和个性化"图标，在弹出的窗口中选择"个性化"命令，或右击桌面空白处，在弹出的快捷菜单中选择"个性化"命令，如图 2-22 所示。在"个性化"窗口中可以更改主题。选择"桌面背景""窗口颜色""声音效果""屏幕保护程序"等命令执行相应的操作。

图 2-22 "个性化"显示属性设置窗口

1.设置显示效果

在"个性化"窗口中单击"桌面背景"图标，用户可以在图片列表框中选择作为背景的图片，也可以单击"浏览"按钮，浏览其他位置的图片或者在网络中查找图片文件。在"图片位置"下拉列表框中选择"填充""适应""拉伸""平铺""居中"选项设置图片格式。还可以通过"更改图片时间间隔"下拉菜单中的时间选项，定时更换桌面背景图片。

2.设置屏幕保护

在"个性化"窗口中单击"屏幕保护程序"图标，在"屏幕保护程序"下拉列表框中选择希望使用的屏幕保护程序。

3．设置窗口外观

在"个性化"窗口中单击"窗口颜色"图标，在此可以设置屏幕外观各种显示效果。

4．设置屏幕分辨率

选择"外观和个性化"窗口中的"显示"图标下的"调整屏幕分辨率"命令，可以对显示器屏幕的分辨率大小进行设置。

2.5.3 键盘和鼠标设置

1．键盘属性设置

在"控制面板"窗口的"图标"视图模式中，单击"键盘"图标，打开"键盘属性"对话框。通过移动滑块可以分别设置字符的"重复延迟"和"重复速度"。字符的"重复延迟"时间越长，则从按下键到出现字符的时间间隔也就越长；"重复速度"越快，则按住键盘上的某一个按键时，该键重复出现的时间间隔也就越短。

2．鼠标属性设置

在"控制面板"窗口的"图标"视图模式中，单击"鼠标"图标，打开"鼠标属性"对话框。在"鼠标键"选项卡中，通过选中"鼠标键配置"中的"切换主要和次要的按钮"复选框，可以设置鼠标的主、次要键，显示蓝色的是主要键；通过拖动"双击速度"中的"速度"滑块可调整打开文件夹所需的时间间隔，"速度"越快，打开文件夹所需的两次按键之间的时间间隔也就越短；选中"单击锁定"中的"启用单击锁定"复选框后，在拖动目标过程中就不必按住鼠标左键了。

在"鼠标属性"对话框中选择"指针"选项卡，可以从"方案"下拉列表框中选择自己喜欢的预设方案。这时就会在"自定义"列表框中同时显示出在不同状态下的鼠标指针的形状。根据自己的喜好进行选择，然后单击"确定"按钮，即可完成设置。

2.5.4 日期和时间设置

在计算机系统中用户可以更新和更改日期、时间和时区。方法如下。

在"控制面板"窗口的"图标"视图模式中，单击"日期和时间"图标，打开"日期和时间"对话框，如图 2-23 所示。

（1）在"日期和时间"选项卡中单击"更改日期和时间"按钮，在弹出的窗口中可以更改日期和时间；单击"更改时区"按钮，在弹出的窗口的下拉列表框中可以选择时区。

（2）在"附加时钟"选项卡中可以选中"显示此时钟"复选框，添加新的时钟显示，再通过更改时区和显示名称设置新的时钟，设置完成后分别单击"应用"和"确定"按钮即可生效。

（3）在"Internet 时间"选项卡中，用户可以进行设置以保持用户的计算机时间在联网状态下与互联网上的时间服务器同步。

图 2-23 "时间和日期"对话框

2.5.5　字体设置

Windows 7 系统中可以方便地安装或删除字体。在"控制面板"窗口的"图标"视图模式中，单击"字体"图标，打开"字体"窗口，如图 2-24 所示。

图 2-24　"字体"管理窗口

1. 安装字体

安装字体的具体操作步骤如下。

STEP 1 打开字体所在的驱动器和文件夹，右击要添加的字体文件，在弹出菜单中选择"复制"命令；

STEP 2 返回"字体"窗口，右击空白处，在弹出菜单中选择"粘贴"命令；

STEP 3 弹出安装进度提示框，安装完成后即可完成系统中新字体的添加。

2. 删除字体

在"字体"窗口中选中需要删除的字体图标，在"菜单"栏的"文件"菜单中选择"删除"命令，即可完成操作。

2.5.6　系统设置

Windows 7 的系统属性窗口中显示用户当前使用计算机的主要硬件及系统软件等相关信息，还可以更改计算机名、更新硬件驱动程序等。

1. 查看系统属性

查看系统属性的方法是，在"控制面板"窗口的"图标"视图模式中单击"系统"图标，或右击"计算机"图标，在弹出的快捷菜单中选择"属性"命令，都可以打开"系统属性"窗口，在"常规"选项卡中可以看到当前系统信息，如图 2-25 所示。

在"计算机基本信息"窗口中显示了计算机系统的基本状态，包括 CPU 型号、内存容量以及操作系统类型、版本、计算机名等信息。

2. 查看和更改计算机名

单击"系统"对话框中的"计算机名称、域和工作组设置"旁的"更改设置"按钮，打开"系统属性"对话框，如图 2-26 所示。该对话框显示了完整的计算机名和隶属工作组名或隶属域名。在对话框中可更改计算机描述及网络属性，具体操作步骤如下。

STEP 1 单击"更改"按钮，打开"计算机名/域更改"对话框，如图 2-27 所示。

图 2-25 "系统属性"窗品

STEP 2 在"计算机名"文本框中可以输入新的计算机名，分别单击"确定"按钮，出现提示"必须重新启动才能生效"可以单击"立即重启"按钮也可以单击"稍后重启"按钮。

图 2-26 "系统属性"对话框

图 2-27 "计算机名/域更改"对话框

STEP 3 在"隶属于"选项组中选择计算机隶属类型。若隶属于工作组，则在"工作组"文本框中输入工作组名。若隶属于域，则在"域"文本框中输入域名。

STEP 4 单击"确定"按钮，完成操作。

3. 硬件管理

如果用户要查看计算机硬件的相关信息，则在"系统属性"对话框中选择"硬件"选项卡，该选项卡中有两种硬件管理类别"设备管理器"和"设备安装设置"。

（1）设备管理器

"设备管理器"为用户提供计算机中所安装硬件的图标化显示。使用"设备管理器"可以检查硬件的状态并更新硬件设备的驱动程序，用户也可以使用"设备管理器"的诊断功能来解决设备冲突问题，并允许更改对该硬件的资源配置。

在"硬件"选项卡中，单击"设备管理器"按钮，打开"设备管理器"窗口，如图 2-28 所示。在列表框中单击 "▷" 按钮，则展开下一级目录，可以从中选择相关的硬件设备图标，右击该图标弹出快捷菜单，选择"扫描检测硬件改动"命令，可以检查此硬件设备工作是否正常；选择"更新驱动程序软件"命令，可以运行硬件添加向导，按照提示为新增硬件设备添加驱动程序。

（2）设备安装设置

单击"系统"对话框中的"计算机名称、域和工作组设置"旁的"更改设置"按钮，打开"系统属性"对话框，"设备安装设置"中可以设置系统硬件安装和自动升级规则。可以在"硬件"选项卡中，单击"设备安装设置"按钮，打开"设备安装设置"对话框，如图 2-29 所示，按照提示可以选择相应的 Windows Update 规则，单击"保存更改"按钮，即可完成设置。

图 2-28 "设备管理器"窗口

图 2-29 "设备安装设置"对话框

2.5.7 用户管理

1. 用户账户

用户账户用于为共享计算机的每个用户提供个性化的 Windows 服务；可以创建个性化的账户名、图片和密码等，并选择只适用于自己的各种设置。在用户账户的默认情况下，创建或保存的文档将存储在"我的文档"文件夹中，而与使用该计算机的其他人的文档分隔开，并通过账户密码来保护个人隐私。

在 Windows 7 中，可以设置 3 种不同类型的账户：管理员账户（Administrator）、标准用户账户和来宾（Guest）账户。

（1）Administrator 账户拥有最高权限，可以对计算机进行系统更改、安装程序和访问计算机上所有文件。管理员账户拥有添加或删除用户账户、更改用户账户类型、更改用户登录或注销方式等权限。

（2）默认情况下建立的账户都属于标准用户账户，该账户允许运行大多数应用程序，没有安装应用程序权限；可以对系统进行一些常规设置，这些设置仅对当前账户产生影响，不会影响其他用户或整个计算机系统。

（3）Guest账户为临时账户，该账户在默认情况下是被禁用的，需要通过管理员账户权限启用，该账户没有密码，可以快速登录，常用于临时授权查看电子邮件或浏览互联网。

2. 管理用户账户

（1）创建用户账户

在安装Windows 7系统过程中，安装向导会在安装完成之前要求创建一个用户账户，该账户属于"管理员"账户，使用该账户添加新用户的具体操作步骤如下。

STEP 1 使用管理员账户登录系统。

STEP 2 在"控制面板"窗口的"类别"视图模式中，单击"用户账户与家庭安全"图标，打开"用户账户"设置窗口，如图2-30所示。

图2-30 "用户账户"设置窗口

STEP 3 单击"管理其他账户"命令，进入"选择希望更改的账户"窗口，选择"创建一个新账户"命令。

STEP 4 在打开的对话框中根据向导的提示，输入用户名称和用户账户类型。

STEP 5 单击"创建用户"按钮，完成操作。

再启动Windows 7时，欢迎界面的用户列表中就会显示新创建的用户账户图标。

（2）更改账户登录密码

当与其他人共享计算机时，设置密码将增加计算机的安全性，保障用户的自定义设置、程序以及系统资源不会被其他用户更改。用户可以自行修改所拥有账户的密码，而管理员则可以对所有用户账户的密码进行修改。以"管理员"账户为例添加账户密码的具体操作步骤如下。

STEP 1 在"控制面板"窗口的"图标"视图模式中，单击"用户账户"图标，在弹出的窗口中选择"管理其他账户"命令，进入"选择希望更改的账户"窗口。

STEP 2 在"选择希望更改的账户"窗口中，单击要更改的用户图标后选择"更改密码"命令，打开"更改密码"对话框。

STEP 3 如所选中的账户已经设置了密码，在向导的提示下需要先输入原密码，再分别输入新密码和确认密码，同时可以输入一个单词或短语作为密码提示。注意，此密码提示可被使用此计算机的所有用户看到。

STEP 4 单击"更改密码"按钮，完成操作。

（3）切换用户

Windows 7 的切换用户功能可以实现多个独立用户在系统中的快速切换，即多个本地用户可共享一台计算机，切换时不必关闭用户已运行的程序，具体操作步骤如下。

STEP 1 鼠标指向"开始"菜单窗口右下角"关机"按钮的右侧三角形图标，在弹出的选项菜单中选择"切换用户"命令。

STEP 2 返回用户登录界面，选择账户进行登录。

2.5.8 中文输入法的添加和卸载

1. 添加/卸载输入法

添加或卸载输入法的具体操作步骤如下。

STEP 1 在语言栏中右击"输入法"图标，在弹出的快捷菜单上选择"设置"命令。

STEP 2 在打开的"文本服务和输入语言"对话框中单击"添加"按钮，打开"添加输入语言"对话框，在列表中选择要添加的输入法。

STEP 3 单击"确定"按钮，返回"文本服务和输入语言"对话框，即可看到添加的输入法已经在列表中，最后分别单击"应用"或"确定"按钮，完成设置。

若要删除某个输入法，可在"文本服务和输入语言"对话框中选择需要删除的输入法，单击"删除"按钮即可。

有些输入法的添加，如五笔输入法、搜狗拼音输入法等，应下载相应的输入法软件进行安装。如果安装后在语言栏中没有相应的输入法，可以在"文字服务和输入语言"对话框中按上述步骤进行添加。

2. 输入法的使用

（1）启动和关闭输入法：按"Ctrl+Space"组合键。

（2）输入法切换：按"Ctrl+Shift"组合键，或单击"输入法指示器"图标，在弹出的输入法菜单中选择一种汉字输入法。

（3）全角/半角切换：按"Shift+Space"组合键，或单击输入法状态窗口中的"全角/半角切换"按钮 。

（4）中英文标点切换：按"Ctrl+."组合键，或单击"输入法指示器"中的"中英文标点切换"按钮 。

另外，特殊字符的输入，如希腊字母、数学符号等，通过输入法指示器上的"软键盘"输入较为方便。

2.6 Windows 7 设备管理

2.6.1 磁盘管理

Windows 的磁盘管理操作可以实现对磁盘的格式化、空间管理、碎片处理、磁盘扫描和查看磁盘属性等功能。

1. 磁盘属性

通过查看磁盘属性，可以了解到磁盘的总容量、可用空间和已用空间的大小以及该磁盘的卷标（即磁盘的名字）等信息。此外，还可以为磁盘在局域网上设置共享、进行磁盘压缩等操作。

要查看磁盘属性，首先在"计算机"窗口中右击要查看属性的磁盘驱动器，然后在弹出的快捷菜单中选择"属性"命令，打开磁盘"属性"对话框，如图2-31所示。

"磁盘属性"对话框包含8个选项卡，常用的4个选项卡功能如下。

（1）"常规"选项卡：在其文本框中显示当前磁盘的卷标，用户可以对卷标进行更改。在此选项卡中还显示了当前磁盘的类型、文件系统、已用和可用空间等信息。

（2）"工具"选项卡：列出了"查错""备份"和"碎片整理"3个程序，以上程序将帮助用户实现检查当前磁盘错误、备份磁盘内容、整理磁盘碎片功能。

（3）"硬件"选项卡：可以查看计算机中所有磁盘驱动器的属性。

（4）"共享"选项卡：可以对当前驱动器在局域网上进行共享设置。

2.格式化磁盘

计算机的数据信息储存在磁盘中，格式化磁盘就是给磁盘划分存储区域，以便操作系统将数据信息有序地存储在里面。格式化磁盘将删除磁盘上的所有信息，因此，格式化之前应先对有用的信息进行备份，特别是格式化硬盘时一定要小心。在格式化磁盘之前，应先关闭磁盘上所有的文件和应用程序。

本节以格式化 U 盘为例进行说明（硬盘的格式化操作与此类似），具体操作步骤如下。

STEP 1 将准备格式化的 U 盘插到计算机 USB 口。

STEP 2 打开"计算机"或"资源管理器"窗口，右击 U 盘驱动器，在弹出的快捷菜单中选择"格式化"命令，或先选定 U 盘，在"菜单"栏的"文件"菜单中选择"格式化"命令，打开"格式化可移动磁盘"对话框，如图2-32所示。

图2-31　"磁盘属性"对话框

图2-32　"格式化可移动磁盘"对话框

STEP 3 在对话框中的"容量""文件系统"和"分配单元大小"下拉列表框中选择相应参数，一般采用系统默认参数。

STEP 4 在"卷标"文本框中输入用于识别 U 盘的卷标。在"格式化选项"选项组中，用户还可以进行"快速格式化"和"创建一个 MS-DOS 启动盘"的设置操作。

STEP 5 单击"开始"按钮，系统将弹出一个警告对话框，提示格式化操作将删除该磁盘上的所有数据。

STEP 6 单击"确定"按钮，系统开始按照格式化选项的设置对 U 盘进行格式化处理，并且在"格式化磁盘"对话框的底部实时地显示格式化 U 盘的进度。

格式化完毕后，将显示该 U 盘的属性报告。

3. 磁盘维护

磁盘维护是通过磁盘扫描程序来检查磁盘的破损程度并修复磁盘。使用磁盘扫描程序的具体操作步骤如下。

STEP 1 在"计算机"窗口中，右击要进行扫描的磁盘驱动器，在弹出的快捷菜单中选择"属性"命令，在打开的对话框中，单击"工具"选项卡中的"开始检查"按钮，打开"检查磁盘"对话框，如图 2-33 所示。

图 2-33　"检查磁盘"对话框

STEP 2 在"磁盘检查选项"选项组中，如果选中"自动修复文件系统错误"复选框，则在检查过程中遇到文件系统错误时，将由检查程序自动进行修复。如果选中"扫描并尝试恢复坏扇区"复选框，则在检查过程中扫描整个磁盘，如果遇到坏扇区，扫描程序会对其进行修复。在磁盘扫描时，该磁盘不可用。对于包含大量文件的驱动器，磁盘检查过程将花费很长时间。

STEP 3 单击"开始"按钮，系统开始检查磁盘中的错误，检查结束后将弹出检查完毕提示对话框。

STEP 4 单击"确定"按钮，完成磁盘错误检查。

2.6.2　硬件及驱动程序安装

在微型计算机中，大多数设备是即插即用型的，如主板、硬盘、光驱等。一般系统会自动安装驱动程序，也有些设备，如显卡、声卡、网卡等，虽然系统能够识别，但仍需要用户自行安装驱动程序。

Windows 7 中硬件驱动程序被放置在用户模式下，不会因为个别驱动程序的错误而影响整个系统的运行，并且所安装的驱动程序即时生效，相对以前的 Windows 版本不再需要反复重新启动操作系统。

一般来说，在 Windows 7 中安装新硬件有两种方法，即自动安装和手动安装。

1. 自动安装

当计算机中新增加一个即插即用型的硬件后，Windows 7 会自动检测到该硬件，如果 Windows 7 附带该硬件的驱动程序，则会自动安装；如果没有，则会提示用户安装该硬件自带的驱动程序。

2. 手动安装

手动安装有 3 种情况。

（1）使用安装程序。有些硬件如打印机、扫描仪、数码相机等都有厂商提供的安装程序，这些安装程序的名称通常是 setup.exe 或 Install.exe。首先将硬件连接到计算机上，然后运行安装程序，按安装程序窗口提示操作即可。

（2）使用"设备管理器"。在"控制面板"窗口的"图标"视图模式中单击"设备管理器"图标，右击设备列表中未安装驱动程序的设备图标，在弹出的对话框中选择"扫描检测硬件改动"选项，扫描完成后，弹出"驱动程序软件安装"对话框，将显示正在安装设备驱动程序信息，按照"安装向导"的提示完成驱动程序安装。

（3）使用"设备管理器"中的"添加过时硬件"向导来安装驱动程序。如果某些硬件没有支持 Windows 7 系统的驱动程序，可以在"设备管理器"窗口"工具"栏中的"操作"菜单中选择"添加过时硬件"命令，弹出"欢迎使用添加硬件向导"窗口，按照提示完成过时设备安装。

2.6.3 打印机的安装、设置与管理

打印机是常见的输出设备，用户可以用它打印文档、图片等。

在 Windows 7 中使用打印机，必须先将其驱动程序安装到系统中，以使系统正确地识别和管理打印机。打印机按所处位置来划分，可分为本地打印机和网络打印机。其安装方法类似。

在开始安装之前，应了解打印机的生产厂商和类型，并使打印机与计算机正确连接，安装步骤如下。

STEP 1 将打印机连接到计算机，打开打印机电源。

STEP 2 此时，若安装的是即插即用型打印机，则 Windows 7 将会自动识别。

① 若 Windows 7 找到该打印机的驱动程序，则系统将自动安装。

② 若 Windows 7 没有找到该打印机的驱动程序，系统将提示放入驱动程序光盘或选择驱动程序位置，系统找到安装程序并运行后可按照提示步骤安装。

STEP 3 对于非即插即用打印机，在"控制面板"窗口的"图标"视图模式中，单击"查看设备和打印机"图标，或单击"开始"按钮，选择"设备和打印机"命令，打开"设备和打印机"窗口，如图 2-34 所示。选择"菜单"栏中的"添加打印机"命令，按照提示步骤进行操作即可。

图 2-34 "设备和打印机"窗口

STEP 4 在打印机正确安装之后，在"设备和打印机"窗口中选定已安装的打印机图标，在"工具"栏中的"文件"菜单中选择"打印机首选项"命令，可对该打印机的纸张大小、图像质量进行设置；选择"打印机属性"命令可对所选打印机的共享、端口、高级、安全等属性进行设置。

2.6.4 应用程序安装和卸载

Windows 7 提供了 32 位和 64 位版本的操作系统，部分 32 位版本的程序可以安装在 64 位版本的 Windows 7 操作系统中，反之将无法安装。安装软件时除了版本问题还要注意用户计算机的硬件配置是否可以运行该程序，某些软件包装上会为用户标识出该软件运行时最低的"Windows 体验指数"，用户可以在"计算机"的"属性"窗口中查看当前系统的"Windows 体验指数"，如果软件的体验指数高于系统，则可能无法在系统中安装和运行该软件。

用户在使用"管理员"账户登录时可以直接在系统中安装软件，其他账户安装程序时系统将会弹出"用户账户控制"窗口，询问是否继续安装操作并提示输入拥有"管理员"权限的账户密码，如图 2-35 所示。

图 2-35 　"用户账户控制"窗口

1. 安装应用程序

（1）自动安装

将含有自动安装程序的光盘放入光盘驱动器中，安装程序就会自动运行。只需要按照屏幕提示进行操作，即可完成安装。这类程序安装完毕后，通常在"开始"菜单中自动添加相应的程序命令。

（2）手动安装

使用 Windows 7 的"资源管理器"安装应用程序，操作步骤如下。

STEP 1 打开"资源管理器"，打开安装程序所在文件夹。

STEP 2 双击运行安装程序，按照系统安装向导提示进行操作，即可完成安装。

2. 卸载应用程序

（1）使用软件自带的卸载程序卸载软件

部分应用软件在计算机中成功安装后，会同时添加该软件的卸载程序，运行该卸载程序，即可完成卸载。

（2）利用控制面板中的"程序和功能"卸载软件

具体操作步骤如下。

STEP 1 在"控制面板"窗口的"图标"视图模式中单击"程序和功能"图标，将显示系统中所安装的所有程序列表，如图 2-36 所示。

STEP 2 在程序列表框中选定需要删除的应用程序，此时该程序的名称及其相关信息将呈高亮显示。

STEP 3 单击"卸载"按钮，打开一个确认信息对话框，询问用户是否继续操作，单击"是"按钮，系统将自动进行卸载操作。

图 2-36　系统已安装的应用程序列表

2.7　Windows 7 附件

Windows 7 为广大用户提供了功能强大的附件，如便笺、记事本、写字板、画图、计算器、系统工具和多媒体等程序。

2.7.1　便笺、记事本和写字板

1.便笺

"便笺"程序是为了用户在计算机桌面上为自己或别人标明事项或留言。桌面上可以添加多个"便笺"程序窗口，"便笺"程序窗口可以调整大小和颜色，"便笺"中的文字也可以进行简单的效果修饰。

单击"开始"按钮，选择"所有程序"命令，在弹出的菜单中选择"附件"命令，单击"便笺"图标，即可打开"便笺"程序窗口。

2.记事本

"记事本"程序是系统自带的文本编辑工具。"记事本"程序只能完成纯文本文件的编辑，默认情况下，文件存盘后的扩展名为.txt。一般来讲，源程序代码文件、某些系统配置文件（如.ini 文件）都是用纯文本的方式存储的，所以编辑系统配置文件时，常选择"记事本"程序而不用"写字板"程序或 Word 等较大型的文字处理软件。

单击"开始"按钮，选择"所有程序"命令，在弹出的菜单中选择"附件"命令，单击"记事本"图标，打开"记事本"程序窗口，进行文本编辑。

3.写字板

"写字板"程序也是一款文本编辑软件，功能比"记事本"强大，"写字板"不仅支持图片插入，还可以进行编辑与排版。

单击"开始"按钮，选择"所有程序"命令，在弹出的菜单中选择"附件"命令，单击

"写字板"图标，即可打开"写字板"程序窗口。

2.7.2 画图

Windows 7 中的"画图"程序是进行图形处理及绘制的软件，具有绘制、编辑图形、文字处理以及打印图形文档等功能。

单击"开始"按钮，选择"所有程序"命令，在弹出的菜单中选择"附件"命令，单击"画图"图标，即可打开"画图"程序窗口，如图 2-37 所示。

画图程序窗口由以下几个部分构成。

（1）标题栏：包括快速反应工具栏以及当前用户正在编辑的文件名称；

（2）菜单栏：包括"主页"和"查看"两个选项卡；

（3）功能区：包含大量绘图工具和调色板；

（4）绘图区：用户绘制和编辑图片的区域；

（5）状态栏：左下角显示当前鼠标在绘图区的坐标，中间部分显示当前图像的像素，右侧可调整图像的显示比例。

图 2-37　"画图"程序窗口

使用"画图"程序提供的绘图工具，可以方便地对图像进行简单编辑处理。此外，"画图"程序还提供了多种特殊效果的实用命令，可以美化绘制的图像。

2.7.3 计算器

用户可以用计算器的标准型模式执行简单的计算，还可以应用科学型模式、程序员模式、统计信息模式等高级功能。

图 2-38　标准型计算器

单击"开始"按钮，选择"所有程序"命令，在弹出的菜单中选择"附件"命令，单击"计算器"图标，即可打开"计算器"程序窗口，如图 2-38 所示。

1. 标准型计算器

计算器的默认界面是"标准型"计算器，用它只能执行简单的计算。计算器可以使用鼠标单击操作，也可以按"NumLock"键，激活小键盘数字输入区域，然后再输入数字和运算符。该计算器还能进行简单的数据存储。

2. 科学型计算器

在工具栏的"查看"菜单中选择"科学型"命令，可将"标准型"计算器转换成"科学型"计算器。"科学型"计算器的功能很强大，可以进行三角函数、阶乘、平方、立方等运算功能。

3. 程序员模式计算器

在工具栏的"查看"菜单中选择"程序员"命令，进入"程序员"计算器模式，用户可进行数制转换或逻辑运算。

4. 统计信息计算器

在工具栏的"查看"菜单中选择"统计信息"命令，进入"统计信息"计算器模式，用户可以输入要进行统计计算的数据，然后进行计算，该模式下提供平均值计算、标准偏差计算等统计学常用计算。

2.7.4 系统工具

1.磁盘碎片整理程序

用户对磁盘进行多次读写操作后，会产生多处不可用的磁盘空间，即"碎片"。如果磁盘产生的"碎片"过多，则会降低磁盘的访问速度，影响系统性能。因此，在磁盘使用了一段时间后，用户需要对磁盘中的碎片进行整理。

使用"磁盘碎片整理程序"整理磁盘的具体操作步骤如下。

STEP 1 单击"开始"按钮，选择"所有程序"命令，在弹出的菜单中选择"附件"命令，再选择"系统工具"命令，单击"磁盘碎片整理程序"图标，即可打开程序窗口。如图 2-39 所示。

图 2-39　"磁盘碎片整理程序"窗口

STEP 2 在"磁盘"列表框中选定要整理的磁盘，单击"分析磁盘"按钮，程序开始对磁盘内的碎片进行分析。磁盘碎片分析运行时间和分析进度会显示在"当前状态"区域中。

STEP 3 分析操作结束后，如果系统某个磁盘分区碎片大于 10%，则应单击"磁盘碎片整理"按钮，开始对磁盘的碎片进行整理。

2.磁盘清理

"磁盘清理"程序通过删除所选硬盘分区中系统临时性文件夹、回收站等区域的无用文件，留出更多的空间来保存那些必要文件。"磁盘清理"程序还可以删除不再指向应用程序的无效快捷方式。

运行"磁盘清理"程序对磁盘进行清理的操作步骤如下。

STEP 1 单击"开始"按钮，选择"所有程序"命令，在弹出的菜单中选择"附件"命令，再选择"系统工具"命令，单击"磁盘清理"图标，打开"磁盘清理驱动器选择"对话框。

STEP 2 在对话框中选择要进行清理的磁盘驱动器，单击"确定"按钮。

STEP 3 "磁盘清理"程序会首先对系统进行分析，然后在磁盘清理对话框中显示一个报告，如图 2-40 所示。

STEP 4 如果要删除某个类别中的文件，则选中该类别前的复选框，单击"确定"按钮，在系统弹出的警告对话框中，单击"是"按钮即可删除选中类别的文件。

图 2-40 "磁盘清理"对话框

3.备份和还原

在使用计算机的过程中，由于硬盘破损、病毒感染、供电中断、蓄意破坏、网络故障以及其他一些不可预知的原因，可能引起数据的丢失或破坏。因此，定期备份服务器或者本地硬盘上的数据，创建某一时段的系统还原点是非常必要的。有了备份后，在数据遭到破坏时就可以将还原点备份的数据进行还原。

Windows 7 默认每 24 小时自动创建系统还原点，备份系统数据。在安装某些程序时，也会触发系统还原点的创建，必要时用户也可以手动创建还原点。手动进行系统备份或还原具体操作如下。

STEP 1 单击"开始"按钮，选择"控制面板"命令，在"控制面板"窗口的"图标"视图模式中单击"系统"图标，弹出"系统"窗口。

STEP 2 单击窗口左侧"系统保护"命令，打开"系统属性"对话框。

STEP 3 单击"系统保护"选项卡，从"保护设置"下拉菜单中选择需要创建还原点的驱动器，按照提示继续操作，即可完成系统的备份或还原。

2.7.5 多媒体

为了适应用户的要求，Windows 7 系统中附带了较为简单的多媒体应用软件，打开这些程序的一般操作方法是：单击"开始"按钮，在弹出的"开始"菜单中选择"所有程序"命令，再选择"附件"命令，在弹出的菜单中选择相应的程序即可。

1.Windows Media Player

使用 Windows Media Player 可以播放和组织计算机及互联网上的数字媒体文件，还可以收听全世界电台的广播、播放和复制 CD、创建自己的 CD 以及将音乐或视频复制到便携设备（如便携式数字音频播放机）中。

2.录音机

录音机的主要功能是用来录制和剪辑音频，它可以实时地将用户通过音频输入接口输入的信息录制保存起来，也可以将一个音频媒体中某一段的内容剪辑保存下来。

本章小结

操作系统是用户和计算机之间进行信息交流的媒介，用户通过操作系统管理计算机的硬、软件资源。通过本章的学习要求学生理解和掌握操作系统的概念、功能和分类；了解典型的操作系统；熟练掌握 Windows 7 的基本概念和操作、Windows 7 资源管理器使用方法、Windows 7 控制面板基本系统设置和个性化设置的方法；同时了解 Windows 7 常用附件程序。

PART 3

第 3 章
Word 2010 文字处理软件

Microsoft Office 2010 是微软推出的新一代办公软件,它的界面简洁明快,标识也改为全橙色。Word 2010 是 Microsoft 公司开发的 Office 2010 办公组件之一,主要用于文字处理工作。在 Word 2010 中最显著的变化就是"文件"选项卡代替了 Word 2007 中的"Office"按钮,使用户更容易从 Word 2003 或者 Word 2007 等旧版本中适应过来。

本章主要介绍 Microsoft Word 2010 的一些基本使用方法。通过学习,要求掌握 Microsoft Word 2010 的工作环境、文档的创建与编辑、图文混排及 SmartArt 图形的应用、表格的处理、长文档编辑、邮件合并、云存储等操作。

3.1 Word 2010 基本操作

本节主要介绍 Microsoft Word 2010 的启动和退出以及 Microsoft Word 2010 的操作界面。

3.1.1 Word 2010 的启动与退出

1. 启动 Word 2010

启动 Word 2010 的常用方法如下。

(1)从开始菜单启动

在"开始"菜单中选择"所有程序"命令,在弹出的菜单中单击"Microsoft Office"图标,并在级联菜单中选择"Microsoft Word 2010"命令。

(2)从桌面快捷方式启动

① 在桌面上创建 Word 的快捷方式。

② 双击快捷方式图标。

(3)通过文档打开

双击已有的 Word 文档,启动 Word 2010 程序。

2. 退出 Word 2010

退出的常用方法如下。

(1)单击 Word 2010 窗口标题栏右侧的"关闭"按钮。

(2)双击 Word 2010 窗口标题栏左侧的"控制"图标。

(3)选择"文件"选项卡,在后台视图的导航栏中单击"退出"按钮。

(4)按"Alt+F4"组合键。

(5)单击标题栏左上角的 Word 2010 控制图标,然后选择"关闭"命令。

3.1.2　Word 2010 的窗口组成

Word 2010 的窗口主要由后台视图、功能区、标题栏、状态栏及文档编辑区等部分组成，如图3-1 所示。

1. 标题栏

标题栏位于整个 Word 窗口的最上方，用以显示当前正在运行的程序名及文件名等信息。标题栏最右侧的 3 个按钮分别用来控制窗口的最大化、最小化和关闭程序。当窗口不是最大化时，用鼠标拖动标题栏，可以改变窗口在屏幕上的位置。双击标题栏可以使窗口在最大化与非最大化窗口之间切换。

图 3-1　Word 2010 窗口

2. 后台视图

Word 2010 的后台视图是通过位于界面左上角的"文件"选项卡打开。它类似 Windows 系统的"开始"菜单，如图 3-2 所示。在后台视图的导航栏中包含了一些常见的命令，例如"新建""打开""保存"，也包含快速打开"最近使用的文档"和"选项"等命令，使操作更加简便。

3. 功能区

Word 2010 的功能区是菜单和工具栏的主要替代控件，有选项卡、组及命令 3 个基本组件。在默认状态下功能区包含"文件""插入""页面布局""引用""邮件""审阅"和"视图"选项卡。当用户不需要查找选项卡时，可以双击选项卡，临时隐藏功能区。反之，即可重新显示。

除默认的选项卡外，Word 2010 的功能区还包括其他选项卡，但只有在操作需要时才会出现。例如，在当前文档中插入一张图片时，就会出现"图片工具"选项卡；需要绘制图形时，会出现"绘图工具"选项卡等，省略了繁复的打开工具操作。

图 3-2　后台视图

在每一组中，除包含"工具"图标按钮外，在组界面的右下角还增添"对话框启动器"按钮，单击相应按钮，则会打开相应组的对话框。

（1）"开始"选项卡

包括剪贴板、字体、段落、样式和编辑等组，主要用于对文字进行编辑和格式设置，如图 3-3 所示。

图 3-3　"开始"选项卡

（2）"插入"选项卡

包括页、表格、插图、链接、页眉页脚、文本和符号等组，主要用于在文档中插入各种对象，如图 3-4 所示。

图 3-4　"插入"选项卡

（3）"页面布局"选项卡

包括主题、页面设置、稿纸、页面背景、段落、排列等组，用于设置文档的页面样式，如图 3-5 所示。

图 3-5　"页面布局"选项卡

（4）"引用"选项卡

包括目录、脚注、引文与书目、题注、索引和引文目录等组，用于实现文档中插入目录、创建索引等高级功能，如图 3-6 所示。

图 3-6　"引用"选项卡

（5）"邮件"选项卡

包括创建、开始邮件合并、编写和插入域、预览结果和完成等组，主要用于在文档中进行邮件合并操作，如图 3-7 所示。

图 3-7　"邮件"选项卡

（6）"审阅"选项卡

包括校对、语言、批注、修订、更改、比较和保护等组，主要用于对文档进行校对和修订等操作，适用于多人协作处理长文档，如图 3-8 所示。

图 3-8 "审阅"选项卡

（7）"视图"选项卡

包括文档视图、显示、显示比例、窗口和宏等组，主要用于设置操作窗口的视图类型及打开、切换多个窗口、页面显示比例等操作，如图 3-9 所示。

图 3-9 "视图"选项卡

4.浮动工具栏

在 Word 2010 中用户要完成文字编辑工作，不仅可以通过功能区来实现，还可以使用"浮动工具栏"快捷完成相关操作。选中要编辑的文本，在随机出现的"浮动工具栏"中可以获取常用的设置工具，并通过实时预览来观察变化后的文档效果，操作过程更加便利。如果想隐藏"浮动工具栏"，可通过后台视图导航栏中的"选项"命令，在打开的"Word 选项"对话框中选择"常规"选项卡，取消选中"选择时显示浮动工具栏"复选框，单击"确定"按钮即可。

5.文档编辑区

用于编辑文档内容，鼠标在该区域呈"I"形状，在编辑处有闪烁的"|"标记，称为插入点，表示当前输入文字的位置。

6.状态栏

状态栏位于 Word 窗口的下方，用于显示系统当前的状态。与之前的版本不同，Word 2010在状态栏上增添了"文档的页码"和"文档的字数"按钮，对应可打开"定位"对话框和"字数统计"对话框，可进行快捷设置。

3.1.3 Word 2010 视图方式

文档视图是指在应用程序窗口中的显示形式，每一种显示形式的改变不会修改文档内容。Word 2010 的视图方式包括页面视图、Web 版式视图、大纲视图、阅读版式视图、草稿视图。视图的切换可通过"视图"选项卡的"文档视图"组来切换，或者通过屏幕右下侧的视图及显示比例控制面板实现。

1.页面视图

页面视图是首次启动 Word 后默认的视图模式。用户在这种视图模式下看到的是整个屏幕布局。在页面视图中，用户可以轻松地进行编辑页眉页脚、处理分栏、编辑图形对象等操作。

2.Web 版式视图

Web 版式视图专为浏览、编辑 Web 网页而设计，它能够以 Web 浏览器方式显示文档。在 Web 版式视图方式下，可以看到背景和文本，且图形位置和在 Web 浏览器中的位置一致。

3.大纲视图

大纲视图主要用于显示文档结构。在这种视图模式下，可以看到文档标题的层次关系。在大纲视图中可以折叠文档、查看标题或者展开文档，这样可以更好地查看整个文档的结构和内容，便于进行移动、复制文字和重组文档等操作。

4. 阅读版式视图

阅读版式视图以图书的分栏样式显示文档，在该视图中没有页的概念，不会显示页眉和页脚。在阅读版式中，通过工具栏上的"视图选项"命令可以完成翻页、修订、调整页边距等操作。

5. 草稿视图

草稿视图只显示文本格式，简化了页面的布局，用户在草稿视图中可以便捷地进行文档的输入和编辑等操作。

6. 显示比例

设置显示比例的方法如下。

（1）单击"视图"选项卡"显示比例"组中的"显示比例"按钮，在打开的"显示比例"对话框中设置。

（2）在页面窗口的右下角"视图和显示比例"面板进行设置。

3.1.4　文档的打印

文档编辑完成后可以通过打印机将之输出。打印之前可使用打印预览功能查看打印效果。

1. 打印预览

将"打印预览"工具添加到"快速访问工具栏"，操作步骤如下。

STEP 1　单击"文件"选项卡，在导航栏中选择"选项"命令，打开"Word选项"对话框。

STEP 2　选择"快速访问工具栏"选项卡，在左侧窗口中的"常用命令"下拉列表中选择"打印预览和打印"命令，将其添加到右侧窗口的"自定义快速访问工具栏"中。

STEP 3　单击"确定"按钮。

STEP 4　退出设置窗口后，返回到文档界面，在"快速访问工具栏"上会出现"打印预览和打印"的功能键 。单击此按钮，文档就会进入打印预览窗口界面，如图3-10所示。该界面左侧是打印功能区域，右侧是打印预览功能区域。

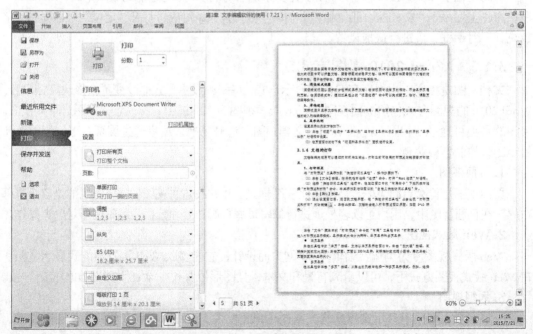

图3-10　打印预览窗口

打印预览显示模式分为两种：单页显示和多页显示。

● 单页显示

在打印预览区域右下角有一个版面显示比例调节按钮，该按钮调节预览视图的比例值范围为 10%～500%，当比例大于 60%时，文本以单页显示在窗口中。加大比例后会放大单页面显示比例。

● 多页显示

当比例小于 60%时，文本以多页显示在窗口中。Word 2010 可预览文档全部页面。

如果计算机没有安装打印机，则不能进行打印预览。

2. 打印

单击"文件"选项卡，在导航栏中选择"打印"命令，在打印区域可进行如下设置：

● 选择打印机，并进行属性设置；

● 设置打印范围，默认是打印整个文档；

● 设置打印份数、"单面"或"双面"打印、文档是否缩放等；

● 单击"确定"按钮，开始打印。

3.1.5 使用 Microsoft Office 2010 的帮助系统

Microsoft Word 2010 提供了强大的联机帮助功能，用户在使用过程中，遇到任何问题都可以通过系统提供的帮助得到解决。尤其适用从 Word 2003 升级的用户。

单击"文件"选项卡，在视图导航栏中选择"帮助"命令，打开帮助窗口，如图 3-11 所示。

图 3-11 帮助窗口

选择"Microsoft Office 帮助"命令，或者按"F1"键，则显示 Word 帮助窗格。选择"开始使用"命令，会联网打开 Office 2010 迁移指南网页，帮助用户解决实际问题，如图 3-12 所示。

图 3-12　Office 2010 迁移指南网页

3.2　文档的创建与编辑

3.2.1　文档的创建

1. 创建空白文档的方法

（1）使用新建命令创建空白文档。单击"文件"选项卡，在导航栏中单击"新建"按钮，在"可用模板"窗口单击"空白文档"图标。单击"创建"按钮，即可创建新空白文档。

（2）使用"Ctrl+N"组合键，即可打开一个新的空白文档窗口。

（3）使用"快速访问工具栏"创建文档。

① 在导航栏中选择"选项"命令，在打开的"Word 选项"对话框中选择"快速访问工具栏"选项卡。

② 在"自定义快速访问工具栏"列表中将"常用命令"中的"新建"命令添加到"快速访问工具栏"。

③ 单击"新建"按钮创建新空白文档。

2. 使用模板创建文档的方法

（1）使用 Word 2010 中提供的模板创建文件

Word 2010 中模板类型有"可用模板""Office.com 模板"，其中"Office.com 模板"需要联网才能使用。使用模板创建文档的方法如下。

在导航栏中选择"新建"命令，在打开的"模板类型"窗口中选择要使用的模板，单击右侧"下载"按钮，完成创建；或者单击"我的模板"图标按钮，打开"新建"对话框，选择一个模板样式完成创建，如图 3-13 所示。

图 3-13　使用模板创建文档

（2）用户创建自定义模板

Word 2010 允许用户创建自定义 Word 模板，以适合实际工作需要。创建方法如下。

① 打开文档窗口，在当前文档编辑区中设计自定义模板所需要的元素，例如文本、图片、样式等。在"快速访问工具栏"单击"保存"按钮。

② 打开"另存为"对话框，然后在"保存类型"下拉列表中选择"Word 模板"选项。为模板命名，指定保存位置后单击"保存"按钮。

③ 单击"文件"选项卡，在导航栏中选择"新建"命令，在"可用模板"窗口单击"我的模板"图标按钮，打开"新建"对话框，在该对话框中选中刚创建的自定义模板，单击"确定"按钮。

3.2.2　打开文档

打开文档的方法如下。

1. 单击"文件"选项卡，在导航栏中选择"打开"命令，在"打开"对话框中双击所需要的文档即可。

2. 按"Ctrl+O"组合键打开"打开"对话框，在"文档库"列表区域单击所需要的文档，单击"打开"按钮。

3. 在"资源管理器"窗口中双击所需要的文档即可。

4. 单击"文件"选项卡，在导航栏中选择"最近所用文件"命令，在"最近使用的文档"窗口中，单击所需要的文档即可。默认情况下，最近使用过的文档数为 4，用户也可自行调整，如图 3-14 所示。

图 3-14　调整显示最近使用过的文档数

3.2.3　保存文档

1.保存文档

保存文档的方法如下。

（1）单击"文件"选项卡，在导航栏中单击"保存"按钮。

（2）单击"快速访问工具栏"中按钮 。

（3）使用"Ctrl+S"组合键。

以上方法如果是保存新文档，将打开"另存为"对话框。在对话框中设置保存的位置和文件名，然后单击对话框右下角的"保存"按钮。如果保存的是修改过的旧文档，将直接以原路径和文件名存盘，不再打开"另存为"对话框。

2.恢复未保存文档

如果因为某种原因没有保存文档，可以使用如下方法恢复。

打开一个 Word 文档，单击"文件"选项卡，在导航栏中单击"最近使用文件"按钮，在右侧的窗口列出最近所有打开过的 Word 文件，找到需要恢复的文档，单击右下角"恢复未保存文档"按钮，完成恢复操作。

3.自动保存

为了防止由于突然断电或其他意外发生而未能及时保存刚刚编辑的文档的情况发生，Word 2010 提供了在指定时间间隔自动保存文档的功能，默认保存时间间隔是 10 分钟。单击"文件"选项卡，在导航栏中选择"选项"命令，在打开的"Word 选项"对话框中选择"保存"选项卡，选中"保存自动恢复信息时间间隔"复选框并设置保存时间间隔。

3.2.4　文档的保护

出于保密的原则，我们常常需要对自己的文档进行保护。如果所编辑的文档不希望其他人查看，则可以给文档设置"打开文件时密码"，使没有密码的人无法打开此文档；如果文档允许别人查看，但禁止修改，可以给文档设置"修改文件时密码"。保护文档的操作步骤如下。

STEP 1 单击"文件"选项卡，在导航栏中选择"另存为"命令，打开"另存为"对话框。

STEP 2 单击该对话框左下角的"工具"按钮，在下拉列表项中选择"常规选项"命令，打开"常规选项"对话框，如图 3-15 所示。

STEP 3 可以在"此文档的文件加密选项"下设置"打开文件时的密码"，在"此文档的文件共享选项"下设置"修改文件时的密码"。设置完成后，单击"确定"按钮。

图 3-15　设置密码

3.2.5　文档属性设置

为了更好地管理文档，可以在文档中添加一些属性信息，例如文档的主题、文档的标记及文档的备注信息等，配置文档属性的方法如下。

1. 在导航栏中选择"信息"命令，在右侧窗口的相应信息处直接编辑。

2. 在导航栏中选择"信息"命令，单击窗口右侧的"属性"按钮，在列表项中选择"高级属性"命令，打开"属性"对话框，在该对话框中配置；或者选择"显示文档面板"命令，在打开的面板中进行设置。

3.2.6 文本的录入

创建新文档后，在文本编辑区中会出现一个闪烁的光标，它表示当前文档的输入文本的位置，用户可选择相应输入法进行文本录入。

1.移动插入点

在文档编辑中，呈竖状的"|"光标称为插入点，用于定位正在编辑的位置，定位插入点光标的方法如下。

（1）用鼠标在文本中的某个位置处单击，即可将插入点定位于单击位置处。

（2）按"Home"键，可移动插入点到当前行的行首；按"End"键可移动插入点到当前行的行尾；按"Ctrl+Home"组合键可将插入点移到文档的开始位置处；按"Ctrl+End"组合键可将插入点移到文档的结束位置处；按"↑""↓""→""←"光标键可以逐行或逐字地移动插入点。

2.输入特殊符号和标点符号

如果需要输入一些特殊符号和标点符号，可以通过下面的方法实现。

（1）直接通过键盘输入

在中文输入状态下，可直接从键盘上输入中文符号，如顿号（、）、省略号（……）、逗号（，）、句号（。）、感叹号（！）、分号（；）、双引号（""）等。

（2）通过软键盘输入

在中文输入状态下，单击输入栏右侧的软键盘标志，打开软键盘菜单，选择要输入的符号类，即可输入符号，单击软键盘图标可关闭软键盘。

（3）通过 Word 符号菜单项输入

单击"插入"选项卡"符号"组中"符号"命令，在下拉列表中选择相应符号或单击"其他符号"命令，打开"符号"窗口，如图 3-16 所示，找到要插入的符号，单击"插入"按钮即可。

图 3-16 "符号"窗口

3.插入状态和改写状态

录入文本时有插入和改写两种状态。使用"Insert"键或单击状态栏上的"插入"按钮，即可在两种状态之间进行切换。

在插入状态下，文本在插入点后顺序录入；改写状态下，插入点后录入的文本将替换原文本。

3.2.7　文本的编辑

要对文档中的内容进行操作，一般都遵循"先选定、后操作"的原则，将要进行处理的内容选定后再选择要操作的命令。

1. 文本的选定

（1）选定一行

该行前面的选定栏单击左键。

（2）选定多行

在需要选定的第一行选定栏位置按下鼠标左键拖动到最后一行的选定栏。

（3）选定一段

在该段落前的选定栏位置双击左键。

（4）选定整个文档

在选定栏位置，三击左键，或使用"Ctrl+A"组合键，或用"编辑"菜单的"全选"命令。

（5）选定一个图形

单击该图形。

（6）选定一个矩形区域

将光标移至要选择的开始字符，按下"Alt"键同时按下鼠标左键，拖动鼠标到要选择文本的结束位置，松开鼠标和"Alt"键，就选中了一块垂直文本。

（7）选定任意两指定点间内容

用鼠标将插入点移到选定文本的起始位置，按住"Shift"键，将鼠标指针移动到要选定文本的结束位置，单击鼠标，反相显示的文本就是选定的内容。或将鼠标的指针移动到要选定文本的起始位置，按住鼠标左键并拖动到要选定文本的结束位置，松开鼠标即可。

（8）选定不连续文本

先选择一些文本，按住"Ctrl"键，按鼠标左键拖拽选定另外的文本。

（9）取消选择

单击任意未被选择的部分，或按任意一个光标移动键。

2. 删除文本

（1）删除单个字符

使用"BackSpace"键删除插入点前面的字符，使用"Delete"键删除插入点位置的字符。

（2）删除连续文字

先选定要被替换掉的文本，按"Delete"键或"BackSpace"键。

（3）撤销与恢复

在快速访问工具栏中有两个按钮，一个是"撤销"按钮，另一个是"恢复"按钮。"撤销"按钮可以撤销上一次的操作，连续单击可以逐步撤销前面的操作。"恢复"按钮可以恢复前面的操作。

3. 剪贴板的使用

Windows 系统中有一个专门在各个应用程序之间交换信息的区域，称为"剪贴板"。用于保存复制和粘贴用的数据。

剪贴板的主要操作如下。

- 复制：将事先所选范围内的文本复制到剪贴板，所选范围内的内容保持不变，组合键是 "Ctrl + C"。
- 剪切：将事先所选范围内的文本复制到剪贴板，所选范围内的内容被删，组合键是 "Ctrl + X"。
- 粘贴：将剪贴板上的内容复制到文档中当前插入点的位置，组合键是 "Ctrl + V"。

4. 文本的复制

（1）使用命令复制文本

选定要复制的文本，单击"开始"选项卡"剪贴板"组中的"复制"命令，将插入点移到目标位置，选择"剪贴板"组中的"粘贴"命令。

（2）使用鼠标复制文本

选定要复制的文本，按住"Ctrl"键，同时按住鼠标左键，拖动鼠标指针到目标位置，松开鼠标左键完成复制。

（3）使用快捷键复制文本

选定要复制的文本，按"Ctrl + C"组合键复制，将插入点移到目标位置，按"Ctrl + V"组合键粘贴。

5. 移动文本

（1）使用命令移动文本

选定要移动的文本，单击"开始"选项卡"剪贴板"组中的"剪切"按钮，将插入点移到目标位置，选择"剪贴板"组中的"粘贴"命令。

（2）使用鼠标移动文本

选定要移动的文本，按住鼠标左键，拖动鼠标指针到目标位置，松开鼠标左键完成移动操作。

（3）使用快捷键移动文本

选定要移动的文本，按"Ctrl + X"组合键剪切，将插入点移到目标位置，按"Ctrl + V"组合键粘贴。

6. 查找与替换

在编辑文本时，经常需要进行检查或修改特定字符串操作，可以使用查找和替换功能完成。

（1）查找

单击"开始"选项卡"编辑"组中的"查找"按钮，打开下拉列表，显示"查找""高级查找""转到"命令。

① 选择"查找"命令，在窗口的左侧打开导航窗格，输入要查找的内容，会在正文中直接显示出来。

② 选择"高级查找"命令，打开"查找和替换"对话框。若需要更详细地设置查找匹配条件，可以在"查找和替换"对话框中单击"更多"按钮，进行相应的设置。

- "搜索"下拉列表框：可以选择搜索的方向，即从当前插入点向上或向下查找；
- "区分大小写"复选框：查找大小写完全匹配的文本；
- "全字匹配"复选框：仅查找一个单词，而不是单词的一部分；
- "使用通配符"复选框：在查找内容中使用通配符；
- "区分全/半角"复选框：查找全角、半角完全匹配的字符；

- "格式"按钮：可以打开一个菜单，选择其中的命令可以设置查找对象的排版格式，如字体、段落、样式等；
- "特殊字符"按钮：可以打开一个菜单，选择其中的命令可以设置查找一些特殊符号，如分栏符、分页符等；
- "不限定格式"按钮：取消"查找内容"文本框指定的所有格式。

③ 选择"转到"命令，会显示"查找和替换"对话框中"定位"选项卡。它主要用来在文档中进行字符定位。

（2）替换

① 单击"全部替换"按钮，则 Word 会将满足条件的内容全部替换；

② 单击"替换"按钮，则只替换当前一处内容，如果需要继续替换，可连续按此按钮；

③ 单击"查找下一处"按钮，则 Word 将不替换当前找到的内容，而是继续查找下一处要查找的内容，查找到时是否替换由用户决定。

替换功能除了能用于一般文本外，也能查找并替换带有格式的文本和一些特殊的符号等，在"查找和替换"对话框中，单击"更多"按钮，可进行相应的设置。

【例 3-1】请联机使用 Office.com 模板创建图 3-17 所示的班级月历并完成以下操作。

① 根据各班级实际学习生活情况输入相应内容，并设置文档自动保存时间间隔为 2 分钟；

② 调整显示比例为 75%，并切换到阅读版式视图中浏览文档；

③ 以班级名称命名存入 C:/Intel 后设置文档属性为只读方式。

图 3-17　班级月历效果图

【操作步骤】

STEP 1 创建文件。新建 Word 文档并打开，单击"文件"选项卡，在后台视图导航栏中单击"新建"按钮，在右侧的模板应用窗口 Office.com 模板区域中选择"个人"模板文件夹，选中"班级日历"模板单击"下载"按钮，系统将自动创建一个名为"文档 2"的班级日历模板文档。

STEP 2 文本录入。根据班级实际生活学习情况录入相应内容。

STEP 3 设置自动保存。单击"文件"选项卡，在导航栏中单击"选项"按钮，在打开的"Word 选项"对话框中选择"保存"选项卡，选中"保存自动恢复信息时间间隔"并设置保存时间间隔为 2 分钟，如图 3-18 所示。

图 3-18　设置自动保存时间

STEP 4 调整显示比例。滑动窗口右下角显示比例控制面板的滑块，调整到 75%。

STEP 5 切换视图方式。单击窗口右下角视图控制面板中"阅读版式视图"按钮，切换到阅读版式视图方式。

STEP 6 命名保存。单击"文件"选项卡，在导航栏中选择"另存为"命令，打开"另存为"对话框，输入班级名称及保存位置，单击"确定"按钮，如图 3-19 所示。

图 3-19　"另存为"对话框

STEP 7 设置属性。关闭文档后，鼠标右键单击文档，在快捷菜单中选择"属性"命令，打开"属性"对话框，选择"常规"选项卡，在属性区域选中"只读"复选框，单击"确定"按钮。

7. 自动更正

自动更正可以避免一些常见的录入错误，也可以通过短语的缩写形式，快速输入短语。例如，当输入"don't no"时，系统可以自动更正为"don't know"。使用自动更正功能必须先建立一个自动更正词条，操作步骤如下。

STEP 1 单击"文件"选项卡，在导航栏中单击"选项"按钮，打开"Word选项"对话框。

STEP 2 在该对话框中选择"校对"选项卡，在窗口右侧区域显示出"自动更正"界面。单击"自动更正选项"按钮，打开"自动更正"对话框，如图3-20所示。

STEP 3 在"替换为"文本框中输入正确的单词或短语的全称，单击"添加"按钮。

STEP 4 单击"确定"按钮完成自动更正词条的建立。

8. 拼写检查

Word 2010可以通过对中文和英文进行拼写和语法的检查来减少输入文本的错误率。操作步骤如下。

图3-20 "自动更正"对话框

STEP 1 单击"文件"选项卡，在导航栏中单击"选项"按钮，打开"Word选项"对话框。

STEP 2 在该对话框中选择"校对"选项卡，在窗口右侧区域显示出"在Word中更正拼写和语法时"界面，如图3-21所示。

图3-21 "校对"对话框

STEP 3 选中所需要的选项，单击"确定"按钮。

也可通过"审阅"选项卡"校对"组中的"拼写和语法"命令，打开"拼写和语法"对话框，在该对话框中进行设置，如图 3-22 所示。

图 3-22 "拼写和语法"对话框

3.3 文档排版

3.3.1 字符格式化

文档排版是指对文档内容和结构的格式化操作。文档排版的内容包括字符格式化、段落格式化和页面设置等。

字符格式化是指对字符的字体、字号、字形、颜色、字间距及动态效果等进行设置。设置字符格式可以在字符输入前或输入后进行，输入前可设置新的格式；输入后可修改其格式，直至满意为止。

1. 使用"开始"选项卡"字体"组

使用工具栏中的按钮可以快速设置或更改字体、字号、字形、字符缩放及颜色等属性。"字体"组工具按钮，如图 3-23 所示。

图 3-23 "字体"组

除常用工具按钮外，Word 还提供一些设置特殊文字格式的工具按钮。

● "突出显示"按钮：为选定的文字添加背景；

● "双删除线"按钮：为选定的文字添加双删除线；

● "拼音指南"按钮：利用"拼音指南"功能，可以在中文字符上添加拼音；

● "带圈字符"按钮：为所选的字符添加圈号，也可以取消字符的圈号。

2. 使用"字体"对话框

打开"字体"对话框有下列方法。

● 单击"字体"组的对话框启动器，在打开的"字体"对话框中设置。

● 右击选中文字，在弹出的快捷菜单中选择"字体"命令，在打开的"字体"对话框中设置。

（1）"字体"选项卡

选择"字体"选项卡可以进行字体相关设置。包括字体、字号、字形、字体颜色及其他效果。

（2）"高级"选项卡

利用"高级"选项卡可以进行字符间距设置。

● 调整字间距：选中"为字体调整字间距"复选框后，从"磅或更大"数值框中选择字体大小，Word 会自动设置选定字体的字符间距。

● 位置：在"位置"列表框中可以选择"标准""提升"和"降低"3 个选项。选择"提升"或"降低"时，可以在右侧的"磅值"数值框中输入所要"提升"或"降低"的磅值。

3. 使用浮动工具栏

选中要编辑的文本，此时，浮动工具栏就会出现在所选文本的尾部，如图 3-24 所示。

4. 使用格式刷

选中设置好格式的文本，单击"开始"选项卡中"剪贴板"组

图 3-24　浮动工具栏

上的 格式刷 按钮，当指针变成 形状时，选中要设置格式的文本，完成格式设置。

当需要多次使用格式刷时，需要双击格式刷按钮，完成操作后再单击格式刷按钮，将其关闭。

如果对所设置的格式不满意，可清除所有格式，操作方法如下。

（1）逆向使用格式刷。

（2）选定要清除格式的文本，单击"开始"选项卡"样式"组中的对话框启动器，打开"样式"窗格，选择"全部清除"命令；或者在"样式"组中单击"其他"按钮 ，在下拉列表中选择"清除格式"命令。

3.3.2　段落格式化

段落格式化是指整个段落的外观处理。段落可以由文字、图形和其他对象组成，段落以"Enter"键作为结束标识符。当出现既不需要产生一个新的段落又可换行的录入情况时，可按"Shift+Enter"组合键，产生一个手动换行符（软回车），实现操作。

如果需要对一个段落进行设置，只需要将光标定位于段落中即可，如果要对多个段落进行设置，首先要选定这几个段落。

1. 设置段落间距、行间距

段落间距是指两个段落之间的距离，行间距是指段落中行与行之间的距离，Word 默认的行间距是单倍行距。设置段落间距、行间距的操作步骤如下。

STEP 1 选定需要改变间距的文档内容。

STEP 2 单击"开始"选项卡"段落"组的对话框启动器,打开"段落"对话框。

STEP 3 选择"缩进和间距"选项卡,在"段前"和"段后"数值框中输入间距值,可调节段前和段后的间距;在"行距"下拉列表中选择行间距,若选择了"固定值"或"最小值"选项,则需要在"设置值"数值框中输入所需要的数值,若选择"多倍行距"选项,则需要在"设置值"数值框中输入所需要的行数。

STEP 4 设置完成后,单击"确定"按钮。

2.段落缩进

"段落缩进"是指段落文字的边界相对于左、右页边距的距离。段落缩进的格式如下。

左缩进:段落左侧边界与左页边距保持一定的距离;

右缩进:段落右侧边界与右页边距保持一定的距离;

首行缩进:段落首行第一个字符与左侧边界保持一定的距离;

悬挂缩进:段落中除首行以外的其他各行与左侧边界保持一定的距离。

(1)用标尺设置

Word 窗口中的标尺如图 3-25 所示,利用标尺设置段落缩进的操作步骤如下。

图 3-25　标尺

① 选定要设置缩进的段落或将光标定位在该段落上。

② 拖动相应的缩进标记,向左或向右移动到合适位置。

(2)利用"段落"对话框

其操作步骤如下。

STEP 1 单击"段落"组的对话框启动器,打开"段落"对话框。

STEP 2 在"缩进和间距"选项卡中的"特殊格式"列表项中选择"悬挂缩进"或"首行缩进"选项;在"缩进"区域设置左、右缩进。

STEP 3 单击"确定"按钮。

(3)利用"开始"选项卡的"段落"组

单击"段落"组上的"减少缩进量"或"增加缩进量"按钮,可以完成所选段落左移或右移一个汉字位置操作。

3.段落对齐方式

段落对齐方式包括左对齐、两端对齐、居中对齐、右对齐和分散对齐,Word 默认的对齐格式是两端对齐。

4.换行和分页

(1)选择要控制的一个或者多个段落。

(2)单击"段落"组的对话框启动器,打开"段落"对话框,选择"换行和分页"选项卡。

(3)选择下列操作之一。

- 孤行控制：放置在页面的顶端出现段落的末行，或者在页面的底端出现段落的首行；
- 段中不分页：防止在所选的段落中出现分页符；
- 与下段同页：防止光标在所在段落与下一段间出现分页符；
- 段前分页：如果所选的段落跨页，则在该段落前插入分页符。

（4）单击"确定"按钮。

3.3.3 边框和底纹

为起到强调或美化文档的作用，可以为指定的段落、图形或表格添加边框和底纹。

1.文字和段落的边框

选定要添加边框和底纹的文字或段落，单击"开始"选项卡"段落"组中的"下划线"按钮，在下拉列表中选择"边框和底纹"命令，在打开的对话框中进行设置。

2.页面边框

在 Word 2010 中不仅可以为页面设置普通边框，还可以添加艺术型边框，使文档变得生动活泼、赏心悦目。选择"边框和底纹"对话框中的"页面边框"选项卡，在"艺术型"下拉列表中选择一种边框应用即可。添加页面边框时，不必先选中整篇文档，只需在"应用于"命令中选择"整篇文档"选项，如图 3-26 所示。

图 3-26 "页面边框"选项卡

3.底纹

在"边框和底纹"对话框中选择"底纹"选项卡，可以设置文字或段落的底纹颜色、样式和应用范围。

3.3.4 项目符号和编号

对一些需要分类阐述的内容，可以添加项目符号和编号，起到强调的作用。

1.使用项目符号

添加项目符号的步骤。

STEP 1 选定要添加项目符号的位置，单击"段落"组中的下拉按钮，打开"项目符号库"。

STEP 2 单击所需要的项目符号，若对提供的符号不满意，可以单击"定义新项目符号"按钮，在打

图 3-27 "定义新项目符号"对话框

开的"定义新项目符号"对话框中进行设置。如图 3-27 所示。

STEP 3 单击"确定"按钮。

2.添加编号

使用同样的方法可以为内容设置编号，操作步骤如下。

选定需要设置编号的段落，单击"开始"选项卡"段落"组中的"编号"下拉按钮，在下拉列表中选择相应编号。也可单击"定义新编号格式"按钮，在打开的对话框中进行设置。

若对已设置好编号的列表进行插入或删除列表项操作，Word 将自动调整编号，不必人工干预。

3.3.5 首字下沉的设置

在文档排版中，我们经常使用首字下沉格式使文档内容更加醒目。首字下沉，即将段落中的第一个字下沉到下面几行中，以突出显示。

1.设置首字下沉

首字下沉格式只能在页面视图模式下显示。通过使用"插入"选项卡"文本"组中的"首字下沉"按钮，可打开"首字下沉"对话框，在该对话框中可进行如下设置。

（1）下沉的位置：设置首字"下沉""悬挂"及"无"格式。

（2）字体：设置首字的字体。

（3）下沉行数：设置首字的高度。

（4）距正文：设置首字与其他文字间的距离。

2.取消首字下沉

将光标置于要取消首字下沉的段落，在"首字下沉"下拉列表中选择"无"命令即可。

3.3.6 分栏的设置

将页面或某些段落分成若干栏的排版方式，可增加可视效果，例如我们平常阅读的报纸、公告、海报等。分栏可以针对选定的段落，也可以针对整个文档。如果是针对段落，则要选定要进行分栏排版的一个或多个段落，如果是针对整个文档可以选定整个文档。

1.设置分栏

创建分栏的操作步骤：选定需要分栏的文本，单击"页面布局"选项卡"页面设置"组中的"分栏"按钮，在下拉列表中选择栏数。也可选择"更多分栏"命令，打开"分栏"对话框，在该对话框中详细设置，如图 3-28 所示。

2.取消分栏

在"分栏"对话框中选择"一栏"命令即可取消分栏。

3.不平衡栏处理

当文档被分成多栏后，可能会出现栏长不平衡情况，需要进一步操作平衡各栏的长度。操作方法如下。

图 3-28　分栏

将光标置于分栏部分的末端，单击"页面布局"选项卡"页面设置"组中的"分隔符"命令，在下拉列表中选择"分节符"类型下的"连续"命令即可。

【例 3-2】制作图 3-29 所示的***电子公司给各地区手机经销商下发的会议通知。完成通知内容的录入，并按照要求进行编辑。

① 将标题字体设置为"华文行楷"，字号设置为三号，字体颜色设置为蓝色。居中对齐，并将标题的段后间距设置为 1.5 行。

② 将正文设置为"楷体_GB2312"，小四号字。将正文所有段落设置为首行缩进两个字符，段后间距设置为 0.5 行。

③ 使用替换命令将文中的"经理"设置为字体加粗，红色，加着重号。

④ 将正文第一段的第一个字设置为首字下沉，要求设置下沉的字体为幼圆，下沉行数为 2 行。

⑤ 用任意 Word 文档插入文中第二段结尾处；将插入文字设置删除线效果，并设置字符间距为 120%。

⑥ 为三段添加"星形"项目符号。将正文第三段添加黄色底纹。为时间设置阴影边框。

⑦ 将正文第四段分为两栏，栏间距设置为 4.5 字符，并添加分隔线。

图 3-29　会议通知效果图

【操作步骤】

STEP 1 设置标题格式。选中标题文字，在"开始"选项卡"字体"组中设置字体为"华文行楷"，字号为"三号"，字体颜色为"蓝色"；在"段落"组中单击"居中"按钮；单击右下角"段落"对话框启动器，打开"段落"对话框，在"间距"区域将段后间距设置为"1.5 行"。

STEP 2 设置正文格式。用同样的方法将正文设置为"楷体_GB2312"，"小四号"字；选中所有正文，打开"段落"对话框，单击"特殊格式"下拉按钮，在列表中选择"首行缩进 2 个字符"选项；在"间距"区域将段后间距设置为"0.5 行"。

STEP 3 完成文本替换。单击"开始"选项卡"编辑"组中的"替换"按钮，打开"替换"对话框。在"查找内容"中输入"经理"，并单击"不限定格式"按钮。

STEP 4 在"替换为"编辑栏中输入"经理"后单击"更多"按钮，在"替换"区域单击"格式"按钮，在下拉列表中选择"字体"命令，打开"字体"对话框。

STEP 5 按要求设置字体颜色、字形和着重号，单击"确定"按钮，返回"替换"对话框，单击"全部替换"按钮，完成操作，如图 3-30 所示。

STEP 6 设置首字下沉。选中第一段的第一个字，单击"插入"选项卡"文本"组中的"首字下沉"下拉按钮，在列表中选择"首字下沉选项"命令，打开"首字下沉选项"对话框。在"位置"区域选择"下沉"命令。在"选项"区域，将字体设置为"幼圆"下沉行数设置为"2",如图3-31所示。

STEP 7 插入项目符号。将光标放在第二段段头位置,单击"开始"选项卡"段落"组中的"项目符号"下拉按钮,选择"定义新项目符号"命令,打开其对话框,单击"符号"按钮,打开"符号"对话框,选择"★"项目符号,单击"确定"按钮,返回上一级对话框,单击"确定"按钮。

STEP 8 设置插入文本的格式。

① 将光标放置在第二段结尾处,单击"插入"选项卡"文本"组中的"对象"下拉按钮,选择"文件中的文字"命令,在打开的"插入文件"对话框中选择要插入的文件,如图3-32所示,单击"插入"按钮。

图 3-30 "查找和替换"对话框

图 3-31 设置首字下沉

② 将插入的文字全部选中,单击"开始"选项卡"字体"组中的对话框启动器,在"字体"对话框中选择"字体"选项卡,在"效果"区域选中"删除线"复选框。在"字体"对话框的"高级"选项卡中,将"字符间距"设置为"120%",如图3-33所示。

图 3-32 在当前文档中插入其他文档中的文字

图 3-33 设置字符间距

STEP 9 设置边框底纹。选中正文第三段文字,单击"开始"选项卡"段落"组中 的下拉按钮，在列表中设置相应底纹颜色。选中第三段文字中的时间，单击"段落"组中的下拉按钮，打开"边框和底纹"对话框，在"边框"选项卡中选择"阴影边框"命令。

STEP 10 设置分栏。选中第四段文字，单击"页面布局"选项卡"页面设置"组中的"分栏"下拉按钮，在列表项中选择"更多分栏"命令，打开"分栏"对话框。在"栏数"编辑栏中输入"2"，选中"分隔线"复选框，在"宽度和间距"区域，将栏间距设置为"4.5"。

3.3.7 多窗口、多文档编辑

Word 2010 具有多个文档窗口并排查看的功能，即对不同窗口中的内容进行并排查看、比较，操作步骤如下。

STEP 1 打开两个或两个以上文档窗口，在当前文档窗口中单击"视图"选项卡"窗口"组中的"并排查看"按钮，在打开的"并排比较"对话框中，选择一个准备进行并排比较的 Word 文档，并单击"确定"按钮。

STEP 2 在其中一个文档的"窗口"组中单击"同步滚动"按钮，则可以实现在滚动当前文档时另一个文档同时滚动。

3.3.8 统计文档字数

当我们在编辑一篇文档时，了解编辑的字符数是十分必要的，操作步骤如下。

STEP 1 打开 Word 文档，状态栏中的"文档字数"按钮显示出文档的统计信息，单击此按钮，可以打开"字数统计"提示框。

STEP 2 单击"审阅"选项卡"校对"组中的"字数统计"按钮，在提示框中查看。

3.3.9 插入日期

单击"插入"选项卡"文本"组中的"日期和时间"按钮。在"日期和时间"对话框的"可用格式"列表中选择合适的日期或时间格式。选中"自动更新"复选框，即可实现每次打开 Word 文档自动更新日期和时间，单击"确定"按钮。

3.4 长文档的编辑

3.4.1 应用样式

样式，即系统自带或用户自定义的一系列排版格式，包括字体、段落、制表和边距等。例如，应用"标题 1"样式就可以快速设置标题为宋体、二号、加粗格式，而不必用设置字体、字号和加粗 3 个步骤来实现。

使用样式可以迅速改变文档的外观，轻松地编排具有统一格式的段落。在文档中使用样式可以为文档形成格式规范的文档结构图，也可以为使用大纲视图编辑文档提供良好的基础。

Word 2010 中已经提供了很多标准样式供排版文档时选用，若没有所需要的样式，也可以自己定义样式。

1. 使用"样式"导航窗格新建样式

使用"样式"导航窗格可以修改已有样式，也可以创建一种全新的样式，操作步骤如下。

STEP 1 单击"开始"选项卡"样式"组的对话框启动器，打开"样式"导航窗格。

STEP 2 单击"新建样式"按钮，打开"根据格式设置创建新样式"对话框，在"名称"编辑框中输入新建样式的名称。在弹出"样式类型"下拉列表中选择"段落"类型。

"样式类型"选项如下。

- 段落：新建的样式将应用于段落级别；
- 字符：新建的样式将仅用于字符级别；
- 链接段落和字符：新建的样式将用于段落和字符两种级别；
- 表格：新建的样式主要用于表格；
- 列表：新建的样式主要用于项目符号和编号列表。

STEP 3 打开"样式基准"下拉列表，选择 Word 2010 中的某一种内置样式作为新建样式的基准样式。

STEP 4 打开"后续段落样式"下拉列表，选择新建样式的后续样式。在"格式"区域，根据实际需要设置字体、字号、颜色、段落间距、对齐方式等段落格式和字符格式。如果希望该样式应用于所有文档，则选中"基于该模板的新文档"单选按钮，完成后单击"确定"按钮。

2.使用快速"更改样式"命令

如果希望能够快速更改整篇文档的样式，可以通过"开始"选项卡"样式"组中的"更改样式"按钮实现。在下拉列表中，单击"字体"或者"段落间距"按钮，通过实时预览可以浏览字符或段落间距格式修改后的效果。

此外，Word 2010 还提供了"样式集"功能，这是一个可以快速统一整篇文档的显示风格命令。单击"更改样式"按钮，在"样式集"下拉列表中选择需要应用的样式，即可应用到当前文档。

3.导入和导出样式

对于不同的文档，用户可以使用导入样式和导出样式功能，使样式在不同的文档间实现复制，操作步骤如下。

STEP 1 单击"开始"选项卡"样式"组的对话框启动器，打开"样式"导航窗格。

STEP 2 单击"管理样式"按钮 ，打开"管理样式"对话框，单击"导入/导出"按钮，打开"管理器"对话框。如图 3-34 所示。选择"样式"选项卡，在左侧栏目中单击"关闭文件"按钮。

图3-34 "管理器"对话框

STEP 3 在左侧栏中单击"打开文件"按钮，在"打开"对话框中单击"所有 Word 模板"的下拉按钮，选择"Word 文档"或"Word 97-2003 文档"选项，然后找到并打开需要导出样式的 Word 文档，单击"打开"按钮。

STEP 4 返回"管理器"对话框，在右侧栏目中单击"关闭文件"按钮，接着单击"打开文件"按钮选择接收样式的 Word 文档。然后在左侧栏目的样式列表中，选中需要复制的样式，单击"复制"按钮。

STEP 5 完成样式的复制后，单击"关闭"按钮。

3.4.2 页面设置

1.页面设置

页面设置是指设置文档的总体版面布局以及选择纸张大小、上下左右边距、页眉页脚与边界距离等内容，设置页面的方法如下。

（1）使用导航栏中的"打印"命令

可以根据实际需要在导航栏的"打印"窗口中直接输入文档页面参数。选项功能如下。

①"打印机"区域：可设置打印机属性及选择当前打印机。

②"设置"区域：包含打印页数、页面、纸张、打印方向、页面边距及缩放打印选项。可分别打开相应下拉列表，进行设置。

③"页面设置"按钮：如果需要更详细的参数，可单击窗口下方的"页面设置"按钮，在打开的"页面设置"对话框中完成。

（2）使用"页面布局"选项卡

选择"页面布局"选项卡"页面设置"组，通过打开组中每一个按钮的下拉列表进行设置。或者单击右下角的对话框启动器，在"页面设置"对话框中完成设置。

① 设置页边距

单击"页面布局"选项卡"页面设置"组中的"页边距"下拉按钮，在其下拉列表中选择相应命令，或单击"自定义边距"命令，在打开的"页面设置"对话框中进行设置，如图 3-35 所示。

② 设置纸张大小

单击"页面布局"选项卡"页面设置"组中的"纸张大小"下拉按钮，在其下拉列表中选择相应命令，或单击"其他页面大小"按钮，在打开的"页面设置"对话框中选择"纸张"选项卡进行设置。

在"纸张大小"下拉列表中可以选择不同型号的打印纸，如 A4、B4、B5、自定义大小等。当选择"自定义大小"纸型时，可以在下面的"宽度"和"高度"微调框中设置纸张的宽度和高度。

图 3-35 "页面设置"对话框

③ 设置版式

在"页面设置"对话框中选择"版式"选项卡，对长文档的整体布局进行设置。选项功能如下。

● "节"是一种逻辑单位，使用它可以把一个文档划分为若干个彼此独立、具有完全不同页面格式、段落格式和字符格式的区域。

● "页眉和页脚"区域可以设置页眉和页脚的版面格式，选中"奇偶页不同"复选框，可以使奇偶页的页眉和页脚有不同的样式。

● "页面"区域可以设置页面内文本的对齐方式。

④ 设置文档网格

在"页面设置"对话框中选择"文档网格"选项卡，可以完成对文档中字符排列及页容量的设置。

- "文字排列"区域用于设置文字的排列方式。
- "网格"区域可以设置线条和字符的网格。
- "字符"区域可以设置每行的字符数和字符跨度。
- "行"区域可以设置每页的行数和行间距。

2. 页眉页脚设置

页眉和页脚可以包含页码，也可以包含标题、日期、时间、作者姓名、图形等。

（1）创建页眉和页脚

单击"插入"选项卡"页眉和页脚"组中的"页眉"按钮，在下拉列表中选择"编辑页眉"命令。此时，正文呈灰色状态，在页面顶部和底部出现页眉和页脚编辑区。在功能区中出现的"页眉和页脚设计"选项卡中，设置相应内容。

（2）为首页和奇偶页添加不同的页眉页脚

添加方法如下。

① 单击"页眉和页脚设计"选项卡"选项"组，可分别选中"首页不同""奇偶页不同"复选框，对首页、奇数页、偶数页添加不同的页眉和页脚。

② 单击"页面布局"选项卡"页面设置"组的对话框启动器，打开"页面设置"对话框，选择"版式"选项卡，选中"奇偶页不同"复选框或"首页不同"复选框，单击"确定"按钮，返回编辑窗口。

（3）删除页眉和页脚

如果不需要文档中的页眉和页脚，可以将其删除。首先进入页眉或页脚区，在选定要删除页眉或页脚的文字或图形后，按"Delete"键。当删除一个页眉或页脚时，Word 将自动删除整个文档中相同的页眉或页脚。

（4）去掉页眉横线

去掉页眉横线方法如下。

① 双击页眉区进入页眉编辑状态，选中页眉后将样式设置为"正文"。

② 双击页眉区进入页眉编辑状态，单击"页面布局"选项卡"页面背景"组中的"页面边框"按钮，打开"边框和底纹"对话框，选择"边框"选项卡，将应用于下边的"文字"改为"段落"。

③ 双击页眉区进行页眉编辑状态，右击页眉处，在下拉列表中选择"样式"命令，在打开的级联菜单中选择"清除格式"命令。

3.4.3 插入分隔符

文档中为了分别设置不同部分的格式和版式，可以用分隔符将文档分为若干节，每个节可以有不同的页边距、页眉页脚、纸张大小等页面设置。分隔符分为分页符和分节符。

1. 分页符

Word 2010 具有自动分页功能，当文档满一页时会自动进入下一页，并插入一个软分页符。分页符包括分页符、分栏符及自动换行符。

（1）插入分页符

插入分页符有下列方法。

① 将插入点移动到要分页的位置,单击"页面布局"选项卡"页面设置"组中的"分隔符"按钮,在下拉列表中选择"分页符"按钮。

② 单击"插入"选项卡"页"组中的"分页"按钮。

③ 按"Ctrl+Enter"组合键开始新的一页。

（2）插入分栏符

对文档或某些段落进行分栏后,Word 文档会在适当的位置自动分栏,若希望某一内容出现在下栏的顶部,则可用插入分栏符的方法实现,操作步骤如下。

在页面视图中,将插入点定位在另起新栏,单击"页面布局"选项卡"页面设置"组中的"分隔符"按钮,在下拉列表中单击"分栏符"按钮。

（3）自动换行符

在通常情况下,文本到达文档页面右边距时,Word 会自动将换行。如果需要在插入点位置强制断行,可单击"分隔符"按钮,在下拉列表中选择"自动换行符"。与直接按回车键不同的是,这种方法产生的新行仍将作为当前段的一部分。

2. 分节符

节是文档的一部分。插入分节符之前,Word 将整篇文档视为一节。在需要改变行号、分栏数或页眉页脚、页边距等文档特性时,需要创建新的节。

分节符的类型如下。

● 下一页:插入分节符并在下一页上开始新节;

● 连续:插入分节符并在同一页上开始新节;

● 偶数页:插入分节符并在下一偶数页上开始新节;

● 奇数页:插入分节符并在下一奇数页上开始新节。

【例 3-3】用 A4 信纸打印 30 份图 3-36 所示的"篮球热身赛邀请函",并做如下设置。

1. 将页边距分别设置为上下各 2.5 厘米,左右各 2.2厘米。

2. 从第二页起插入页脚,并设置奇数页页眉为"等你来",偶数页页眉为"大家一起 high"。

图 3-36 效果图

【操作步骤】

STEP 1 新建文档。使用 Office.om 模板中"活动"文件夹下的"高校篮球热身赛"模板创建三页文档,命名为"篮球热身赛邀请函"并保存到桌面。

STEP 2 设置页边距。单击"页面布局"选项卡"页面设置"组中"页边距"按钮,在下拉列表中选择"自定义边距"命令,打开"页面设置"对话框,将页边距按要求进行修改,单击"确定"按钮。

STEP 3 插入页脚。

① 首先将光标移动到第一页的最后位置,单击"页面布局"选项卡"页面设置"组"分隔符"按钮,在打开的下拉列表中选择"下一页"命令,此时光标自动移动到第二页。

② 单击"插入"选项卡"页眉和页脚"组中的"页码"按钮,在下拉列表中选择"页面底端"命令,在级联菜单中选择一款自己喜欢的样式,单击该样式插入页码,如图 3-37所示。

图 3-37　插入页码

③ 将光标移动到第二页页码位置，单击"页眉和页脚工具"中"设计"选项卡"页眉和页脚"组中的"页码"按钮，在下拉列表中选择"设置页码格式"命令，打开"页码格式"对话框，如图 3-38 所示。

④ 在该对话框中选中"起始页码"单选按钮，数值设为 1，单击"确定"按钮。这时封面页码为 1，第二页的页码从 1 开始编排。

⑤ 选中第二页页码，单击"页眉和页脚工具"中"设计"选项卡"导航"组的"链接到前一条页眉"按钮，此时页码右侧的"与上一节相同"图标消失，如图 3-39 所示。

图 3-38　设置页码格式

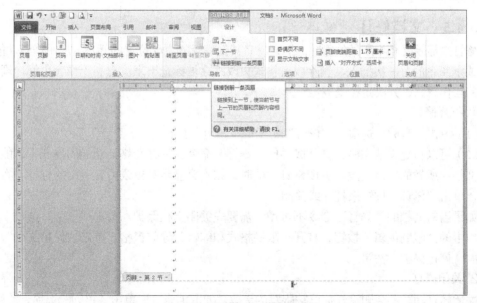

图 3-39　取消与上一节相同设置

⑥ 双击第一页页码位置，按"Delete"键删除页码。双击文档空白处，恢复编辑状态。

STEP 4 插入页眉。双击文档页眉处，在"页眉和页脚工具"的"设计"选项卡"选项"组中选中"奇偶页不同"复选框。在奇数页输入页眉"等你来"，在偶数页输入页眉"大家一起 high"。

STEP 5 设置打印参数。单击"文件"选项卡，在导航栏中单击"打印"按钮，在"打印"窗口的"份数"编辑栏中输入"30"；选择"打印整个文档""单面打印"及"纵向"命令；设置打印纸张为"A4"型号。

STEP 6 完成打印。确认打印参数无误，单击"打印"按钮。

3.4.4 插入目录

目录是长文档不可缺少的部分。它列出了文档中各级标题及各级标题所在的页码，方便用户查阅文档全部内容。

1. 插入目录

为文档插入目录可以使用户更加方便地浏览文档内容，在通常情况下，目录会出现在文档的第二页。自动生成目录的方法可以通过"引用"选项卡的"目录"组来完成。如果想要定制个性化目录，可以在"目录"按钮的下拉列表中选择"插入目录"命令，打开"目录"对话框，选择"目录"选项卡，选择要插入目录的格式和级别，单击"确定"按钮。

2. 更新目录

如果作者对文档的内容做出修改，则需要更新目录内容。选中要更新的目录，单击上方的"更新目录"按钮，打开"更新目录"对话框，根据实际需要选择"更新整个目录"或者"只更新页码"选项，单击"确定"按钮，完成操作。

3. 删除目录

当作者需要删除目录时，只需要单击"目录"下拉列表中的"删除目录"命令即可。

3.4.5 文档修订

修订是显示文档中所做的删除、插入或者其他编辑的更改位置的标记。启用修订功能后，作者或审阅者的每一次插入、删除或者格式更改都会被标记出来。有利于作者更好地理解审阅者的写作思路，并决定接受或拒绝所做的修订。

1. 打开修订

（1）单击"审阅"选项卡"修订"组中的"修订"按钮。

（2）可以自定义状态栏，打开或关闭"修订"命令。在打开修订功能的情况下，能够查看在文档中所做的所有更改。关闭修订功能时，则不会显示对更改内容做出的标记。右击状态栏，单击"修订"按钮来打开或关闭。

如果当前文档的"修订"命令不可用，需要先关闭文档保护。单击"审阅"选项卡"保护"组中的"限制编辑"按钮，打开"限制格式和编辑"导航窗格。单击"保护文档"窗格底部的"停止保护"按钮。

2. 关闭修订

关闭修订功能不会删除任何已被跟踪的更改。要取消修订，单击"审阅"选项卡"修订"

组中的"接受"和"拒绝"按钮，或者直接单击"修订"按钮结束修订。

3.4.6　插入脚注、尾注

1.插入脚注、尾注

将光标定位到要插入脚注的位置，单击"引用"选项卡"脚注"组中的"插入脚注"按钮，直接在下方输入文字即可。插入尾注时只需要单击"插入尾注"按钮即可。

如需要设置脚注、尾注位置，则单击"脚注"组对话框启动器，打开"脚注和尾注"对话框，如图 3-40 所示。在相应编辑栏中输入数据即可。

图 3-40　插入脚注和尾注

2.插入批注

批注是文档的审阅者为文档添加的注释、说明、建议、意见等信息。可以在把文档分发给审阅者前设置文档保护，使审阅者只能添加批注而不能对文档正文修改，利用批注可以有利于保护文档和工作组的成员之间的交流。批注一般出现在文档的打印稿中。

为文档添加批注的具体操作如下。

（1）选定要添加批注的文本。

（2）单击"审阅"选项卡"批注"组中的"新建批注"命令，输入批注内容即可。

3.5　图文混排

3.5.1　插入剪贴画

在默认情况下，Word 2010 中的剪贴画不会全部显示出来，需要用户使用相关的关键字进行搜索。用户可以在本地磁盘或 Office.com 网站中进行搜索，其中 Office.com 中提供了大量剪贴画，用户可以在联网状态下搜索并使用这些剪贴画，操作方法如下。

STEP 1 将光标定位到需要插入剪贴画的位置，单击"插入"选项卡"插图"组中的"剪贴画"按钮，在"剪贴画"窗格的"搜索文字"文本框中输入要搜索关键字。

STEP 2 单击"结果类型"下拉按钮，在类型列表中选择"插图"选项，单击"搜索"按钮。如果被选中的收藏集中含有指定关键字的剪贴画，则会显示剪贴画搜索结果。

STEP 3 单击所需要的剪贴画，或单击剪贴画右侧的下拉按钮，在下拉列表中单击"插入"按钮即可将该剪贴画插入到指定位置中。

3.5.2　插入图形文件

在 Word 2010 文档中可以直接插入文件格式的图形有增强型图元文件（.emf）、图形交换格式（.gif）、联合图形专家小组规范（.jpg）、可移植网络图形（.png）及 windows 位图（.bmp）等。

在文档中插入图片的方式如下。

● "插入"：以嵌入式形式插入，图片保存在文档中。

● "链接文件"：将文档中的图片和图形文件之间建立链接关系，文档中只保存图片文件的路径和文件名。

- "插入和链接"：将文档中的图片与图片文件建立链接关系，同时将图片保存在文档中。

1. 插入方法

将光标定位到需要插入图形文件的位置，单击"插入"选项卡"插图"组中的"图片"按钮，选中要插入的图片，双击即可。

2. 设置格式

插入文档中的图形一般需要进行格式设置才能符合排版的要求。

（1）调整图片尺寸

调整图片尺寸的方法如下。

① 选中图片，将鼠标指针移至图片周围的控制点上，当鼠标指针变成双向箭头时，拖动鼠标左键，当达到合适大小时释放鼠标，即可快速调整图片大小。

② 选中图片，选择"图片工具格式"选项卡"大小"组，在编辑栏中直接输入图片的高度、宽度。

③ 选中图片，单击"图片工具格式"选项卡"大小"组的对话框启动器，打开"布局"对话框，选中"大小"选项卡进行相应设置，单击"确定"按钮完成。

（2）设置亮度和对比度

选中图片，单击"图片工具格式"选项卡"调整"组中的"更正"按钮，在下拉列表中设置图片的亮度和对比度。

（3）压缩图片

由于图片的存储空间都很大，当插入到 Word 文档时使得文档的体积也相应变大。压缩图片可减小图片存储空间，也可提高文档的打开速度。

选中图片，单击"图片工具格式"选项卡"调整"组中的"压缩图片"按钮，打开"压缩图片"对话框，通过对其进行剪裁区域的删除及设置不同的分辨率来实现图片的压缩，如图 3-41 所示。

（4）重设图片

如果对当前的设置不满意，可以通过重设图片来恢复原始图片，操作方法如下。

图 3-41　压缩图片

选中图片，单击"图片工具格式"选项卡"调整"组中的"重设图片"按钮，直接设置即可。

（5）图片边框和颜色设置

为美化插入的图片，有时需要给插入的图片添加边框，操作步骤为：选中图片，单击"图片工具格式"选项卡"图片样式"组中的"图片边框"按钮，在下拉列表中可以设置图片边框的颜色、线型和粗细。

在 Word 2010 增添了设置图片颜色的命令，将之前的灰度和冲蚀效果更加多样化，使用此命令可以使图片的色调更加柔和，如果不喜欢当前颜色，还可以将图片重新着色，操作步骤如下。

选中图片，单击"图片工具格式"选项卡"调整"组中的"颜色"按钮，在下拉列表中可以设置图片的颜色，如图 3-42 所示。

（6）图片版式

在 Word 2010 编辑文档的过程中，为了制作出比较专业且图文并茂式的文档，往往需要按照版式需求安排图片位置。设置图片环绕方式有下列方法。

① 在文档中选中图片，单击"图片工具格式"选项卡"排列"组中的"位置"按钮。在下拉列表中选择符合实际需要的文字环绕方式，或者单击"其他布局选项"，打开"布局"对话框，选择"文字环绕"选项卡，在其中设定环绕方式。

Word 2010 的环绕方式主要有"顶端居左""四周型文字环绕""顶端居中""四周型文字环绕"等。

图 3-42　图片颜色列表

② 在文档中选中图片，单击"图片工具格式"选项卡"排列"组中的"自动换行"按钮。在下拉列表中进行选择，或者单击"其他布局选项"，打开"布局"对话框，选择"文字环绕"选项卡，在其中设定环绕方式。

③ 在文档中选中图片，单击"图片工具格式"选项卡"排列"组中的"自动换行"按钮。在下拉列表中选择"编辑环绕顶点"命令。然后拖动图片周围出现的环绕顶点，按照版式要求设置环绕形状后，单击别处即可应用该形状，如图 3-43 所示。

（7）设置透明色

透明色的设置有下列方法。

① 选中图片，单击"图片工具格式"选项卡"调整"组中的"颜色"按钮，在下拉列表中选择"设置透明色"命令，当鼠标指针变为 时，单击图片中需要透明处理的地方即可。

② 选中图片，单击"图片工具格式"选项卡"调整"组中的"更正"按钮，在下拉列表中选择"图片更正选项"命令，打开"设置图片格式"对话框，选中"映像"选项卡，在右侧窗口的"透明度"区用滑块设置。

（8）组合图形

组合可以将图形的不同部分合成一个整体，也可以将多幅图片合成一张图片。这样在我们调整整个版面时，就不会打乱图形或图片的次序，使得排版更加方便。

在组合之前，往往需要调整图形或图片的位置。当绘制的图形与其他图形或图片位置重叠时，操作就会很烦琐。此时，可以使用"叠放次序"命令，为图形或图片设置"置于顶层"或"置于底层"效果来解决问题。当然，如果需要修改已经组合的图形或图片，也可以将其应用"取消组合"命令。

（9）图片的艺术效果

这是 Word 2010 新增的功能，将艺术效果添加到图片，可使图片看起来更像草图或者油画，增加美感。单击"图片工具格式"选项卡"调整"组中的"艺术效果"按钮，在下拉列表中选择一种效果，应用到图片。如果需要更多选择，直接单击列表项中的"艺术效果选项"按钮，在"设置图片格式"对话框的"艺术效果"选项卡中完成即可，如图 3-44 所示。

图 3-43　编辑环绕顶点

图 3-44　设置图片的艺术效果

3.5.3　插入对象

1. 插入艺术字

单击"插入"选项卡"文本"组中的"艺术字"按钮，在下拉列表中选择需要插入的艺术字形，即可完成插入。与之前版本不同的是，使用 Word 2010 插入艺术字后，不需要打开"编辑艺术字"对话框，只需要单击插入的艺术字即可进入编辑状态，轻松编辑。当需要详细地编辑艺术字时，可通过艺术字样式组中对话框启动器打开"设置文本效果格式"对话框进行设置，如图 3-45 所示。

在"文本填充"选项卡的右侧窗口中单击"预设颜色"下拉列表，选中一种颜色配置。如需要更多颜色配置方案，则可在"渐变光圈""颜色"等选项中进行选择，单击"关闭"按钮。

图 3-45　编辑艺术字

2. 绘制自选图形

在 Word 2010 中内置了很多形状，例如，矩形、圆、箭头、流程图等符号和标注。插入绘制图形的操作方法如下。

单击"插入"选项卡"插图"组中的"形状"按钮，在下拉列表中选择需要绘制的图形，拖动鼠标左键进行绘制。当需要修改图形的格式时，选中该图形，单击"绘图工具格式"选项卡，在此选项卡内完成绘制图形的形状与填充、艺术和样式、添加文本、版式及大小等设置，如图 3-46 所示。

图 3-46　"绘图工具格式"选项卡

Word 2010 中增添绘制图形的形状效果功能，可使图形的外观更加灵活多样。用户可通过单击组中不同命令完成，或通过"其他"按钮在打开的下拉列表中选择样式，也可通过对话框启动器，在打开的"设置形状格式"对话框中完成设置，如图 3-47 所示。

3. 插入文本框

通过使用文本框，用户可以将 Word 文本很方便地放置到 Word 2010 文档页面的指定位置，而不必受到段落格式、页面设置等因素的影响。Word 2010 内置有多种样式的文本框供用户选择使用。

（1）插入文本框

单击"插入"选项卡"文本"组中的"文本框"按钮，在下拉列表中选择合适的文本框类型，此时，所插入的文本框处于编辑状态，直接输入文本内容即可。

（2）设置文本框格式

图 3-47　设置图形格式

文本框格式的设置与绘制图形的格式设置相似，这里不再赘述。

（3）链接多个文本框

在制作手抄报、宣传册等文档时，往往会通过使用多个文本框进行版式设计。通过在多个文本框之间创建链接，可以在当前文本框中输满文字后自动转入所链接的文本框中继续输入文字，操作方法如下。

插入多个文本框，调整文本框的位置和尺寸，并单击选中第 1 个文框。单击"格式"选项卡"文本"组中的"创建链接"按钮，将鼠标指针移动到准备链接的下一个文本框内部时，单击鼠标左键即可创建链接。用同样的方法创建另外两个文本框的链接。

需要注意的是，被链接的文本框必须是空白文本框，反之则无法创建链接。此外，如果需要创建链接的两个文本框应用了不同的文字方向设置，系统会提示后面的文本框将与前面的文本框保持一致的文字方向。

【例 3-4】按要求进行以下设置，并制作完成图 3-48 所示的录取通知书。

① 选用 B5 纸张，横向版面，设置页边距为上下 3 cm，左右 2 cm。

② 输入文字内容并进行相应格式化处理。

③ 制作样章。

④ 图文混排。

图 3-48　录取通知书效果图

【操作步骤】

STEP 1 新建文档。输入相应内容，命名为"录取通知书"并保存。

STEP 2 页面设置。单击"页面布局"选项卡"页面设置"组中的"纸张大小"按钮，在其下拉列表中选择"B5"，纸张方向为"横向"，"页边距"命令中单击"自定义边距"命令，在打开的"页面设置"对话框中将页边距设置为"上下：3 cm"，"左右：2 cm"。

STEP 3 文档编辑。将标题设置为"隶书、一号字、加粗、居中显示"，正文设置为"宋体、四号字、两端对齐、首行缩进 2 个字符、单倍行距"，落款内容设置为"右对齐"。

STEP 4 绘制样章。

① 绘制图形。单击"插入"选项卡"插图"组中的"形状"按钮，在下拉列表中选择"基本形状椭圆"，按住鼠标左键向下拖动绘制圆形后松开左键。此时，系统默认绘制的圆形样式。

② 设置图形格式。选中绘制的圆形，单击"绘图工具格式"选项卡"形状样式"组中"形状填充"按钮，在打开的下拉列表中选择"无填充颜色"命令；在"形状轮廓"命令的下拉列表中选择"粗细"命令，在级联菜单中选择"4.5 磅"，并将颜色设置为"红色"，如图 3-49 所示。

图 3-49　设置线型粗细和颜色

③ 绘制五角星。用同样的方法绘制五角星图形，在"形状填充"命令中将填充色设置为"红色"，在"形状轮廓"命令中将五角星轮廓设置为"无轮廓"样式。

④ 插入艺术字。单击"插入"选项卡"文本"组中的"艺术字"按钮，在下拉列表中选择"填充-无，轮廓-强调文字颜色 2"样式，如图 3-50 所示。在插入的艺术字文本框中修改艺术字内容为"哈尔滨职业技术学院"。若对插入的艺术字型不满意可在列表中任意选择其他样式。

⑤ 设置艺术字格式。选中插入的艺术字，单击"绘图工具格式"选项卡"艺术字样式"组中的"文本填充"按钮，在打开的下拉列表中选择"红色"命令；在"文本效果"的下拉

列表中选择"转换"命令，在级联菜单中选择"跟随路径"中的"上弯弧"，如图 3-51 所示。

图 3-50　插入艺术字

图 3-51　设置艺术字格式

⑥ 单击艺术字周围控点，可设置翻转、缩放等效果。反复调整形状以满足要求。用同样的方法制作"招生就业处"艺术字。

⑦ 组合图形。将绘制完成的五角星和艺术字放置到圆形中，通过控点调整各个图形对象的相对位置，调整好后按住"Shift"键，同时单击所有图形对象将其全部选中。将光标放在已选中的图形上，右击图形，在快捷菜单中选择"组合"中的"组合"命令，如图 3-52 所示。

图 3-52　组合图形

⑧ 图文混排。将绘制完成的印章放置在录取通知书的落款上，单击"绘图工具格式"选项卡"排列"组中"位置"按钮，在打开的下拉列表中单击"其他布局选项"命令，打开"布局"对话框，选择"文字环绕"选项卡，选择"浮于文字下方"，如图 3-53 所示。

图 3-53　"布局"对话框

3.5.4　添加水印

通常一些企业的文档会使用水印效果，这样可以避免出现不经意地泄漏商业机密情况。因为每个企业使用的水印效果都会突出自己的商业标志，因此，在 Word 2010 中提供了定制个性化水印效果的应用。

1. 添加水印

单击"页面布局"选项卡"页面背景"组中的"水印"下拉按钮。在下拉列表中，选择"自定义水印"命令，打开"水印"对话框，用户可以根据实际需要选择应用文字水印或者图片水印，并对其进行格式设置，如图 3-54 所示。单击"应用"按钮，完成创建。

图 3-54　"水印"对话框

2. 删除水印

可以通过单击"水印"下拉按钮，在下拉列表中选择"删除水印"命令完成。

3.5.5　公式的录入

Word 2010 中内置了多种公式样式供用户使用，可通过单击"插入"选项卡"符号"组中的"公式"下拉列表中进行选择，也可通过单击"插入新公式"命令进行输入。

公式编辑器用于在 Word 文档中编辑复杂的数学公式。打开公式编辑器需要单击"插入"选项卡"文本"组中的"对象"按钮，在下拉列表中选择"对象"命令。打开"对象"对话框后，在"新建"选项卡中的"对象类型"列表中选择"Microsoft 3.0 公式"命令，单击"确定"按钮。此时文档显示出公式编辑器的工具栏及编辑框，如图 3-55 所示。

图 3-55　公式编辑器

"公式"工具栏由两行组成。如果要在公式中插入符号，可以选择"公式"工具栏顶行按钮，然后从按钮下面的工具面板上选择所需要的符号；"公式"工具栏的底行按钮供用户插入模板或框架，包含公式、根式、求和、积分、乘积和矩阵等符号，以及像方括号和大括号这样的成对匹配符号，用户可以在模板中输入文字和符号。

在工作区（虚框）中输入需要的文字，或从"公式"工具栏或菜单栏中选择符号、运算符及模板来创建公式。

输完公式后单击工作区以外的区域可返回到编辑环境。公式作为"公式编辑器"的一个对象，可以如同处理其他对象一样处理它，修改公式时可双击该公式，在弹出的"公式"工具栏中直接修改即可。

3.5.6　SmartArt 图形的使用

虽然插图和图形比文字更有助于读者理解和记忆信息，但大多数人都喜欢插图和文字结合的内容。SmartArt 图形是信息和观点的视觉表示形式，在文档中应用 SmartArt 图形可以快速、有效地传递信息。

1. 插入 SmartArt 图形

将光标定位到需要插入的位置，单击"插入"选项卡"插图"组中的"SmartArt"按钮，打开"选择 SmartArt 图形"对话框。选择一种样式，然后单击"确定"按钮。单击 SmartArt 图形左侧的窗口输入文字，如图 3-56 所示。

2. 将图片转换为 SmartArt 图

（1）单击"插入"选项卡"插图"组中的"图片"按钮，插入 5 张风景图片。将图片全部选中，设置其环绕方式为"浮于文字上方"，单击"排列"组中的"选择窗格"按钮，打开"选择和可见性"导航栏。

图 3-56　在 SmartArt 图中输入文字

（2）按"Ctrl"键在导航栏中选中 5 张图片，单击"图片工具格式"选项卡"图片样式"组中的"图片版式"按钮，在下拉列表中选择一种 SmartArt 样式，如图 3-57 所示。转换后的效果如图 3-58 所示。

图 3-57　SmartArt 样式

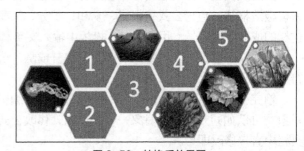

图 3-58　转换后效果图

（3）选中转换后的 SmartArt 图，单击"SmartArt 工具设计"选项卡"SmartArt 样式"组中的"更改颜色"按钮，在下拉列表中将其调整为需要的样式。也可以再次选择"SmartArt 工具设计"选项卡"布局"组中的"图片布局"命令，更改 SmartArt 图形，如图 3-59 所示。

图 3-59　改变颜色和布局后的 SmartArt 图

【例3-5】制作图3-60所示个人住房公积金贷款流程图。

图3-60 住房公积金贷款流程效果图

【操作步骤】

STEP 1 搜集个人住房公积金贷款流程资料，分析贷款流程图结构。

STEP 2 插入 SmartArt 图。单击"插入"选项卡"插图"组中的"SmartArt"按钮，打开
"选择 SmartArt 图形"对话框，选择"流程"选项卡，根据之前的分析结果选择
"重点流程"命令，如图3-61所示。单击"确定"按钮。

图3-61 插入重点流程图形

STEP 3 编辑 SmartArt 图。选中插入的 SmartArt 图，单击"SmartArt 工具"中"设计"选
项卡"布局"组中的"图片重点流程"，在"SmartArt 样式"组中选择"白色轮廓"
样式，如图3-62所示。

图3-62 编辑 SmartArt 图

STEP 4 输入内容。单击 SmartArt 图框左侧的扩展按钮，打开编辑窗口，按照提前准备的
资料，将个人住房公积金贷款流程和图片输入到 SmartArt 图中，如图3-63所示。
如果要输入的项目超过默认项目块时，右击流程图中最后一个项目块，在弹出的
快捷菜单中选择"添加形状"命令，在打开的级联菜单中根据实际工作需要选择
"在前面添加形状"或"在后面添加形状"命令。

图 3-63　在编辑视图中输入内容

STEP 5 调整布局。制作过程中如果需要增强效果，可通过"SmartArt 工具"中"设计"选项卡或"格式"选项卡对已经完成的图形做整体修改，这是 SmartArt 图的一个重要特性。

3.6　表格制作

Microsoft Word 2010 提供了强大的制表功能，可以快速地制作出精美复杂的、具有专业水准的表格。

3.6.1　创建表格的方法

1. 使用表格网格创建

单击"插入"选项卡"表格"组中的"表格"按钮，拖动鼠标左键在网格区选择行数和列数，松开鼠标左键即可完成插入。

2. 使用"插入表格"命令创建

将光标定位在需要插入表格的位置，单击"插入"选项卡"表格"组中的"插入表格"按钮，打开"插入表格"对话框。

在该对话框"表格尺寸"区域的"行数"与"列数"中输入需要设置的行/列数值；在"自动调整"操作区域选中相应的单选按钮，设置表格列宽；单击"确定"按钮，如图 3-64 所示。

3. 绘制表格

将光标定位在需要插入表格的位置，单击"插入"选项卡的"表格"下拉按钮，在列表项中选择"绘制表格"命令，将鼠标移动到文档中需要插入表格的定点处，拖动鼠标左键，到达合适位置后释放鼠标左键，即可绘制表格边框。

图 3-64　"插入表格"对话框

使用此方法可在表格边框内任意绘制表格的横线、竖线或斜线。如果要擦除单元格边框线，可单击"表格工具设计"选项卡"绘图边框"组中的"擦除"按钮，拖动鼠标左键经过要删除的线，即可完成删除操作，如图 3-65 所示。

图 3-65 "绘图边框"组

4.插入电子表格

在 Word 2010 中不仅可以插入普通表格，还可以插入 Excel 电子表格。操作步骤如下。

将光标定位在需要插入电子表格的位置，单击"插入"选项卡"表格"组"表格"的下拉按钮，在列表项中选择"Excel 电子表格"命令，即可在文档中插入一个电子表格。

5.插入快速表格

在 Word 2010 中，可以快速地插入内置表格，单击"插入"选项卡"表格"组中的"表格"的下拉按钮，在列表项中选择"快速表格"命令，在级联菜单中选择要插入表格的类型。

6. 文本转换为表格

在 Word 2010 中可以用段落标记、逗号、制表符、空格或其他特定字符隔开的文本转换成表格，操作步骤如下。

STEP 1 将光标定位在需要插入表格的位置。选定要转换为表格的文本，单击"插入"选项卡"表格"组"表格"的下拉按钮，在列表项中选择"文本转换成表格"命令。

STEP 2 调整"表格尺寸"区域中的列数，在"文字分隔位置"区域中选择或输入一种分隔符，单击"确定"按钮，完成转换，如图 3-66 所示。

同样，也可将表格转换成文本。单击"表格工具布局"选项卡"数据组"中的"转换为文本"按钮，打开"表格转换为文本"对话框，选择一种文字分隔符，单击"确定"按钮，完成转换。

图 3-66　将文字转换成表格

3.6.2　表格格式化

创建好一个表格后，经常需要对表格进行一些编辑，以满足用户的要求。例如行高和列宽的调整、行或列的插入和删除、单元格的合并和拆分等。

1.选定表格

（1）选定单元格

将光标移动到要选定单元格的左侧边界，光标变成指向右上方的箭头"➚"时单击，即可选定该单元格。

（2）选定一行

将光标移动到要选定行左侧的选定区，当光标变成"⬧"形状时，单击即可选定。

（3）选定一列

将光标移动到该列顶部的列选定区，当光标变成"⬇"形状时，单击即可选定。

（4）选定连续单元格区域

拖动鼠标选定连续单元格区域即可。这种方法也可以用于选定单个、一行或一列单元格。

（5）选定整个表格

光标指向表格左上角，单击出现的"表格的移动控制点"图标"⊞"，即可选定整个表格。

2. 调整行高和列宽

（1）使用鼠标

将光标定位在需要改变行高的表格边线上，此时，光标变为一个垂直的双向箭头，拖动表格边线到所需要的行高位置即可。

将光标定位在需要改变列宽的表格边线上，此时，光标变为一个水平的双向箭头，拖动表格边线到所需要的列宽位置即可。

（2）使用菜单

① 选定表格中要改变列宽（或行高）的列（或行），单击"表格工具布局"选项卡"单元格大小"组，在"宽度"和"高度"输入框中进行调整。

② 右击表格，在快捷菜单中选择"表格属性"命令。单击"表格属性"对话框中的"行"选项卡，选中"指定高度"复选框，并输入行高值，单击"上一行"或"下一行"按钮，继续设置相邻的行高。选中"允许跨页断行"复选框，单击"确定"按钮。

单击"表格属性"对话框中的"列"选项卡，选中"指定宽度"复选框，并输入列宽值，单击"前一列"或"后一列"按钮，继续设置相邻的列宽。选中"允许跨页断行"复选框，单击"确定"按钮。

（3）自动调整表格

自动调整表格有根据内容调整表格、根据窗口调整表格、固定列宽方式。操作步骤如下。

将光标定位在表格的任意单元格中，单击"表格工具布局"选项卡"单元格大小"组中的"自动调整"按钮，可在该下拉列表中选择相应的命令。

3. 插入单元格、行或列

用户制作表格时，可根据需要在表格中插入单元格、行或列。

（1）插入单元格

将光标定位在需要插入单元格的位置，单击"表格工具布局"选项卡"行和列"组中对话框启动器，打开"插入单元格"对话框，在该对话框中选中相应的单选按钮，单击"确定"按钮，即可插入单元格。

（2）插入行

将光标定位在需要插入行的位置，单击"表格工具布局"选项卡"行和列"组中选择"在上方插入"或"在下方插入"选项。或者右击表格，在快捷菜单中选择"插入"命令，并在级联菜单中选择"上方插入行"或"在下方插入行"命令。

用同样的方法可以插入列。

4. 删除单元格

在制作表格时，如果某些单元格、行或列是多余的，可将其删除。

（1）删除单元格

将光标定位在需要删除的单元格中，单击"表格工具布局"选项卡"行和列"组中的"删除"按钮，在下拉列表中选择"删除单元格"选项。或者右击表格，在快捷菜单中选择"删除单元格"命令，在打开的"删除单元格"对话框选中相应的单选按钮，单击"确定"按钮，即可删除单元格。

（2）删除行（或列）

选中要删除的行（或列），单击"表格工具布局"选项卡"行和列"组中的"删除"按钮，在下拉列表中选择"删除行（或列）"选项。或者右击表格，在快捷菜单中选择"删除行（或列）"命令，即可删除。

5. 拆分单元格

除了将多个单元格合并为一个单元格的功能外，Word 还可以将一个单元格拆分成多个单元格，操作步骤如下。

选定要拆分的一个或多个单元格，单击"表格工具布局"选项卡"合并"组中的"拆分单元格"按钮。或者右击表格，在快捷菜单中选择"拆分单元格"命令，在打开的"拆分单元格"对话框设置拆分的"列数"和"行数"。

如果希望重新设置表格，可选中"拆分前合并单元格"复选框；如果希望将所设置的列数和行数分别应用于所选的单元格，则不选中该复选框。设置完成后，单击"确定"按钮，即可将选中的单元格拆分成等宽的小单元格，如图 3-67 所示。

6. 拆分表格

有时需要将一个大表格拆分成两个表格，以便于在表格之间插入普通文本。操作步骤：将光标定位在要拆分表格的位置，单击"表格工具布局"选项卡"合并"组中的"拆分表格"按钮，即可完成拆分。

图 3-67　拆分单元格

7. 表格自动套用格式

Word 2010 为用户提供了一些预先设置好的表格样式，这些样式可供用户在制作表格时直接套用，能省去许多制作时间，而且制作出来的表格更加美观。操作步骤如下。

将光标定位在表格中的任意位置，单击"表格工具设计"选项卡"表格样式"组中的"表格样式"按钮，在下拉列表中选择合适的表格样式，完成格式套用，如图 3-68 所示。

图 3-68　自动套用格式

8. 修改表格样式

在该下拉列表中选择"修改表格样式"选项，打开"修改样式"对话框，可修改所选表格的样式。也可以在该下拉列表中选择"新建表格样式"选项，在打开的"根据格式设置创建新样式"对话框中新建表格样式，如图 3-69 所示。

图 3-69　修改表格样式

9. 输入文本

将插入点置于单元格内即可输入文本。单元格内可输入多行文字。使用"Tab"键可将插入点移动到下一个单元格，使用"Shift+Tab"组合键可将插入点移动到上一个单元格。

3.6.3　表格数据处理

表格中数据处理包括表格数据计算、排序等功能。

1. 表格的数据计算

（1）单元格、单元格区域引用

一个表格是由若干行和若干列组成的一个矩形单元格阵列。单元格是组成表格的基本单位。每一个单元格的地址是由行号和列标来标识的，规则为列标在前，行号在后。

列标用英文字母 A、B、C…、Z、AA、AB、…AZ、BA、BB、…表示，最多有 63 列；行号用阿拉伯数字 1、2、3…表示，最多有 32767 行，所以一张 Word 表格有 32767×63 个单元格。

单元格区域的表示方法为，在该区域左上角的单元格地址和右下角地址中间加一个冒号":"组成，例如 A1:B6、B3:D8、C3:C7 等。

（2）表格的数据计算

① 使用公式计算

在公式中可以采用的运算符有"+""-""*""/""^""%""="等。输入公式时应在英文半角状态下输入，字母可不分大小写。

计算时，需要引用当前参与计算的单元格，而且该单元格中应是数值型数据。

② 使用函数计算

公式中可以运用函数，使用时将需要的函数粘贴到公式上，并填上相应的参数，如图 3-70

所示。

使用函数计算时公式的结构如下。

- "="表示其后紧接的是命令或公式；
- "SUM( )"是求和函数语句；
- "ABOVE"是要计算的范围。

Word 2010 的表格函数参数有"ABOVE""LEFT"
"RIGHT"，分别表示运算的方向。

图 3-70　"公式"对话框

- ABOVE 表示对当前单元格以上的数据进行计算；
- LEFT 表示对当前单元格左边的数据进行计算；
- RIGHT 表示对当前单元格右边的数据进行计算。

通常，表格中公式的输入有 3 种形式，例如计算"高数"的总分，在打开的"公式"编辑栏中输入"=SUM(ABOVE)"；也可以输入"=C2+C3+C4+C5+C6"；或者"SUM(C2:C6)"。

③ 更新域

在计算过程中，有时一个相同的公式需要反复使用，而每次使用都要通过功能区选项卡完成，令操作变得烦琐。Word 中在使用计算"域"时会记录下计算公式和计算结果，当表格中的数据发生变化时，Word 将自动更新计算结果。因此，更新域可以帮助我们快速地完成表格中数据的更新及计算，操作步骤如下。

将使用公式计算出结果的表格（域）选中，单击"复制"按钮，将光标移到下一个单元格单击"粘贴"按钮后，右击该单元格，在弹出的快捷菜单中选择"更新域"选项，完成单个单元格计算。当需要更新数据时，除上述方法外，还可以在选中要更新的单元格后，直接按"F9"键，快速将该单元格更新后的计算结果显示出来。

2. 表格的排序

排序是指将一组无序的数字按从小到大或者从大到小的顺序排列。Word 2010 可以按照用户的要求快速、准确地将表格中的数据排序。

（1）排序的准则

用户可以将表格中的文本、数字或者其他类型的数据按照升序或者降序进行排序。排序的规则如下。

① 字母的升序按照从 A 到 Z 排列，反之是降序。

② 数字的升序按照从小到大排列，反之是降序。

③ 日期的升序按照从最早的日期到最晚的日期排列，反之是降序。

④ 如果有两项或者多项的开始字符相同，Word 2010 将按上边的原则比较各项中的后续字符决定排列次序。

（2）使用"排序"对话框

① 将插入点置于表格中要排序的列。

② 单击"表格工具布局"选项卡"数据"组中的"排序"命令，打开"排序"对话框，按工作要求选择排序关键字和排序形式，单击"确定"按钮，如图 3-71 所示。

- 在"主要关键字"栏中选择首先依据的列，在右边的"类型"下拉列表框中选择数据的类型。选中"升序"或者"降序"单选钮，表示按照升序或者降序排列。
- 在"次要关键字"栏和"第三关键字"栏中选择排序次要和第三依据的列，在其右边的"类型"下拉列表框中选择数据的类型。选中"升序"或者"降序"单选钮，表示按照升序或者降序排列。

- 在"列表"栏中，选中"有标题行"单选钮，使对表格中标题行不参加排序。如果没有标题行，则选中"无标题行"单选钮。

图 3-71　表格中数据排序

排序结果是按"主要关键字"栏中的设置进行排序。如果参与排序的两项或多项的数据一样，则按"次要关键字"栏中的设置排序。如果仍然有两项或多项数据一样，则按"第三关键字"栏中的设置排序。

【例 3-6】制作图 3-72 所示的普通高等学校学生就业情况分析表，并完成表中数据计算。

普通高等学校学生就业情况分析表

年份	普通高校毕业人数（单位：万人）	就业半年后就业率统计数（%）	就业热点行业
2010	631	86.6	建筑业 电子商务 现代物流 金融行业 商贸零售业 电子行业 汽车制造业 医药行业 旅游行业 文化产业
2011	660	89.6	
2012	680	90.2	
2013	699	67.4	
2014	727	71.9	
5 年毕业人数总和	3397		

数据来源：麦克思-中国大学生毕业生社会需求与培养质量调查

图 3-72　效果图

【操作步骤】

STEP 1 插入表格。单击"插入"选项卡"表格"组中的"表格"按钮，在下拉列表中选择"插入表格"命令，在打开的"插入表格"对话框中设置 8 行 4 列参数，单击"确定"按钮。

STEP 2 合并单元格。按照例题要求的样式，将 D2:D7 单元格区域选中，单击"表格工具"中"布局"选项卡"合并"组中的"合并单元格"按钮。用同样的方法将 B7:C7、A8:D8 单元格合并。

STEP 3 输入内容。按照要求输入表格标题及相应内容。

STEP 4 表格格式化。

① 字符格式化。设置标题为"宋体、小三号字、加粗、居中显示";设置字段名为"楷体、小四号字、加粗、居中显示";内容设置为"隶书、小四号字、垂直水平居中显示"。

② 设置行高和列宽。可在"表格工具"中"布局"选项卡"单元格大小"组中的"高度"和"宽度"编辑栏中输入数值,或用鼠标拖动表格边线来调整,也可使用"平均分布各行"/"平均分布各列"命令,但是合并后的单元格不能使用该命令设置表格的行高和列宽。

③ 应用表格自动套用格式。选中整个表格,单击"表格工具"中"设计"选项卡"表格样式"组中"其他"按钮,在打开的下拉列表中选择"中等深浅底纹 1-强调文字颜色 5"命令,如图 3-73 所示。

图 3-73　表格自动套用格式

④ 添加底纹。选中 A7 单元格,单击"表格工具"中"设计"选项卡"表格样式"组中"底纹"下拉按钮,单击"红色"进行添加。

STEP 5 表格计算。

求和计算。将光标放置到 B7 单元格,单击"表格工具"中"布局"选项卡"数据"组中"公式"按钮,打开"公式"对话框,按照数据计算规则输入求和公式"=SUM(ABOVE)",单击"确定"按钮。

3.6.4　插入图表

在 Word 2010 中提供多种数据图表和图形,如柱形图、折线图、饼图、气泡图和雷达图等。通常,对图表的操作更多地集中在完善图表信息、修改图表样式上,因此,熟练掌握图表设计、布局操作能够更好地完成工作任务。

1.插入图表的方法

与之前的版本不同，Word 2010 在插入图表的同时，会对应打开一个 Excel 窗口。将表格中的数据复制到 Excel 后，通过对 Excel 表格中数据的修改，可以直接体现在 Word 文档中的图表上，使得图表的数据操作更加简便、直观，操作步骤如下。

STEP 1 选中整个表格，复制该表格后，将光标定位到需要插入图表的位置，单击"插入"选项卡"插图"组中的"图表"按钮，打开"插入图表"对话框。在该对话框左侧选择图表类型模板，在右侧选择其子类型为"三维簇状柱形图"，单击"确定"按钮，如图 3-74 所示。

图 3-74 设置图表类型

STEP 2 在插入图表的同时，会打开一个 Excel 窗口。将之前复制的表格粘贴到 Excel 中。我们可以通过对 Excel 表格中数据的修改，来观察 Word 文档中图表的变化，如图 3-75 所示。

图 3-75 图表窗口

2.编辑图表

Word 2010 增加了很多美化图表功能。选中插入后的图表，在"图表工具"功能区出现 3 个选项卡，即"设计""布局"和"格式"，其功能如下。

（1）"设计"选项卡

该选项卡的命令主要用来修改图表的类型、图表布局及图表样式等。

（2）"布局"选项卡

该选项卡的命令主要用来在图表中插入对象，调整坐标数值、修改图表背景及图表信息等。其中"标签"组中的命令按钮包含"图表标题""坐标轴标题""图例""数据标签"等，通过相应设置完善图表的信息，使图表中的数据更加直观。

（3）"格式"选项卡

该选项卡的命令主要用来美化图表中边框、修改数据格式设置环绕方式等。

3.7　网络应用

3.7.1　发布博文

发布博文是 Word 2010 中文版所具有的独特功能，首次使用 Word 2010 的发布博文功能，需要在博客提供商网站上注册博客账户，然后按照提示向导完成注册。

【例 3-7】以新浪博客为例，在自己的博客上发布一篇《致我美好的青春》博文，如图 3-76 所示。

图 3-76　发布的博客文章效果图

【操作步骤】

STEP 1 注册新浪博客账号，记下用户名和密码。获得新浪的 URL 地址（在新浪博客中获取）。

STEP 2 单击"文件"选项卡，在导航栏中单击"新建"按钮，打开右侧"新建窗口"，在"可用模板"区域，单击"博客文章"图标，单击"创建"按钮。打开一个博客文档。此时，系统出现"注册博客账户"的提示框。

STEP 3 在"博客"编辑栏选择"其他"命令,单击"下一步"按钮,如图 3-77 所示。

STEP 4 在打开的"新建账户"对话框中输入相关信息,单击"确定"按钮,如图 3-78 所示。

图 3-77 注册步骤

图 3-78 填写创建信息

STEP 5 账户注册成功,单击"确定"按钮。

STEP 6 在新建的博客文档中,根据之前学习的知识,输入博客的标题及内容,并完成对文字的排版和校对工作。

STEP 7 选中"关于鼓励和忠告"小标题,单击"插入"选项卡"链接"组中的"超链接"按钮,打开"插入超链接"对话框。在"链接到"区域选择"现有文件或网页";在"查找范围"区域选择"网络";输入新浪博客网址,如图 3-79 所示。

图 3-79 插入超链接

STEP 8 单击"博客文章"选项卡"博客"组中的"发布"按钮,可以选择"发布"命令直接到博客中查看文章,或者选择"发布到草稿"命令,将文章保存为草稿。

3.7.2 超链接

1.插入超链接

超链接是将文档中的文本、图形、图像等相关的信息连接起来,以带有颜色的下画线方式显示文本。使用超链接能使文档包含更广泛的信息,可读性更强。在文档中建立超链接的操作步骤如下。

STEP 1 选定要作为超链接显示的文本或图形。

STEP 2 单击"插入"选项卡,选择"超链接"命令,显示"插入超链接"对话框。

STEP 3 设置链接目标的位置和名称，单击"确定"按钮。

2.编辑超链接

在已创建超链接的对象上，单击"插入"选项卡"链接"组中的"超链接"按钮，或右击已创建超链接的对象，在弹出的快捷菜单中选择"编辑超链接"命令，即可在打开的对话框中，按照创建超链接的方法对已创建的超链接进行重新编辑。

3.删除超链接

在 Word 文件中输入网址或邮箱时，Word 会自动将内容转换为超级链接，但有时这样也会给后续编辑带来一些麻烦，取消超链接的方法如下。

（1）使用命令删除

① 打开 Word 2010 文档窗口，单击"文件"选项卡，在导航栏中选择"选项"命令。

② 在打开的"Word 选项"对话框中，选择"校对"选项卡，并在"自动更正选项"区域单击"自动更正选项"按钮。

③ 打开"自动更正"对话框，选择"键入时自动套用格式"选项卡。在"键入时自动替换"区域取消选中"Internet 及网络路径替换为超链接"复选框，并单击"确定"按钮。返回"Word 选项"对话框，单击"确定"按钮。

（2）使用快捷键删除

当需要一次性取消文档中全部超链接时，也可通过组合键快捷实现。

首先用"Ctrl+A"组合键全选文档内容，然后按"Ctrl+Shift+F9"组合键，完成操作。

3.7.3　邮件合并

"邮件合并"是指在邮件文档（主文档）的固定内容中，合并与发送信息相关的一组通信资料，从而批量生成需要的邮件文档，提高工作效率。"邮件合并"功能除了可以批量处理信函、信封等与邮件相关的文档外，还可以轻松地批量制作标签、工资条、成绩单、获奖证书等。

1.邮件合并要素

（1）建立主文档

主文档是指包括需要进行邮件合并文档中通用的内容，如信封上的落款、信函里的问候语等。主文档的建立过程，即是普通 Word 文档的建立过程，唯一不同的是，需要考虑文档布局及实际工作要求等排版要求，如在合适的位置留下数据填充的空间等。

（2）准备数据源

数据源就是数据记录表，包含相关的字段和记录内容。在一般情况下，使用邮件合并功能都基于已有相关数据源的基础上，如 Excel 表格、Outlook 联系人或 Access 数据库，也可以创建一个新的数据表作为数据源。

（3）邮件合并形式

单击"邮件"选项卡"完成"组中的"完成并合并"按钮，在下拉列表中的选项可以决定合并后文档的输出方式，合并完成的文档份数取决于数据表中记录的条数。

① 打印邮件

将合并后的邮件文档打印输出。

② 编辑单个文档

选择此命令后，可打开合并后的单个文档进行编辑。

③ 发送电子邮件

将合并后的文档以电子邮件的形式输出。

2. 邮件合并操作

【例 3-8】批量制作图 3-80 所示的"节日问候"信函。

图 3-80　效果图

【操作步骤】

STEP 1 新建文档。使用 Office.com 模板中"假日贺卡"文件夹下的"母亲节贺卡"模板，创建文档并命名为"节日问候"。并按照图 3-81 所示修改贺卡内容。

STEP 2 使用邮件合并向导功能。单击"邮件"选项卡选择"开始邮件合并"组中的"开始邮件合并"按钮，在下拉列表中选择"邮件合并分步向导"命令。打开"邮件合并"导航栏，在"选择文档类型"向导页选中"信函"单选按钮，并单击"下一步：正在启动文档"命令。

图 3-81　贺卡内容

STEP 3 在打开的"选择开始文档"向导页中，选中"使用当前文档"单选按钮，并单击"下一步：选取收件人"命令。

STEP 4 打开"选择收件人"向导页，选中"键入新列表"单选按钮，并选择"创建"命令，打开"新建地址列表"对话框，若需要修改地址列表中的字段名，则单击"自定义列"按钮，在打开的"自定义地址列表"中单击"添加"按钮，在打开的"添加域"对话框中输入"收件人名字"，如图 3-82 所示。

用同样的方法将"发件人住址""发件人名字"添加到地址列表中，最后单击"确定"按钮返回到"自定义地址列表"，使用"上移"或"下移"按钮调整各域的显示位置，单击"确定"按钮，如图 3-83 所示。

若无须修改字段名，则直接在地址列表中输入相关信息即可，多条信息输入时，可单击"新建条目"按钮进行输入。

图 3-82　添加域　　　　　　　　　　　　图 3-83　修改后的地址列表

打开"保存到通讯录"对话框，为信函命名，单击"保存"按钮。

STEP 5 打开"邮件合并收件人"对话框，选中"数据源"窗口中刚保存过的数据源，如图 3-84 所示。单击"编辑"按钮，打开"编辑数据源"对话框，可在其中修改收件人信息，如图 3-85 所示。单击"确定"按钮。返回"邮件合并"导航栏，单击"下一步：撰写信函"命令。

图 3-84　浏览收件人信息

图 3-85　编辑数据源

STEP 6 将光标放置到"请输入发件人地址:"项目后,单击向导栏中"其他项目"命令,在打开的"插入合并域"对话框中,插入"住址",单击"插入"按钮,如图 3-86 所示。单击"关闭"按钮。用同样的方法将域插入到卡片的对应位置,如图 3-87 所示。完成设置后,单击"下一步:预览信函"命令。

STEP 7 在"预览目录"向导页,可单击"前一项"或"后一项"按钮进行查看信函的内容,也可通过"排除""查找"及"编辑收件人信息"等命令完善信函内容,完成后单击"下一步:完成合并"。

图 3-86　插入住址

图 3-87　插入域后的卡片

STEP 8 在"完成合并"向导页,可选择打印或编辑单个信函命令以完成合并操作,或者单击"邮件"选项卡"完成"组中的"完成并合并"按钮,在下拉列表中选择相应命令,完成合并。

3.7.4　云存储功能

Microsoft Office Web 应用程序是 Word、Excel 及 PowerPoint 的免费联机套件,可使用户在任何地方从支持的浏览器(Internet Explorer、Firefox 和 Safari)中自由查看、创建和编辑文档。

2014 年,微软公司正式宣布 OneDrive 云存储服务上线,面向全球替代 SkyDrive。使用 One Drive 可以使用户在任何地方进行共享文档、与他人合作及将文档保存到 Web,操作步骤如下。

STEP 1 单击"文件"选项卡,在导航栏中选择"保存并发送"命令。Office Web 应用程序包括 OneDriver、SharePoint。OneDriver 实现云存储功能;SharePoint 实现与他人共享、协同工作功能,可根据实际工作需要进行相应选择。

STEP 2 选择"保存到 Web"命令,在右侧窗口中单击"登录"按钮。使用 OneDriver 时,需要注册 Hotmail 或者 Outlook 账户,如图 3-88 所示。然后以邮箱号登录到"Microsoft OneDriver"窗口,如图 3-89 所示。

STEP 3 Microsoft OneDriver 包含两种保存方式,一种是以仅自己可见的方式保存;另一种是以共享的方式保存。用户可以根据实际工作需要选择保存方式。OneDriver 除文档外,还可以保存照片等内容。

图 3-88　注册账户

图 3-89　登录到 Microsoft OneDriver

STEP 4 选择"公开"文件夹单击"另存为"按钮，打开"另存为"对话框，输入保存后的文件名，单击"保存"按钮。将文档上传，保存到 OneDriver 中，如图 3-90 所示。

图 3-90　上传保存到 OneDriver 的文档

STEP 5 登录到个人"OneDriver"界面，可以看到上传的文件。

本章小结

本章介绍了 Word 2010 文档的创建、编辑、排版和打印等操作方法，从文档的基本操作入手，循序渐进地介绍 Word 2010 的文档格式化、创建表格和简单的图形处理等功能。通过本章的学习，要求学生能够熟练掌握文档编辑、表格制作、图形处理和图文混排等多种操作方法。

PART 4

第 4 章
Excel 2010 电子表格
处理软件

Excel 2010 是 Microsoft Office 套件中的电子表格程序。可以使用 Excel 创建工作簿（电子表格集合）并设置工作簿格式，以便分析数据和做出更明智的业务决策。特别是可以使用 Excel 跟踪数据，生成数据分析模型，编写公式以对数据进行计算，以多种方式透视数据，并以各种具有专业外观的图表来显示数据。

本章主要介绍 Excel 2010 的基本操作，通过学习，要求掌握工作簿的建立、打开、保存，工作表中数据输入和编辑，公式和函数的计算方法，设置单元格格式的方法，对工作表进行编辑和美化，对工作表中的数据进行排序、分类汇总等数据管理操作，以及数据图表化的操作。

4.1　Excel 2010 概述

Excel 2010 提供了丰富的命令和电子表格模板，可以使用户轻松完成制作各类表格的操作。Excel 2010 具有丰富的图表功能，根据系统提供的不同图表格式，用户可以完成各种美观实用的图表。

4.1.1　Excel 2010 的主要功能

1. 电子表格设计制作

编辑制作各类表格，利用公式对表格中的数据进行各种计算，对表格中的数据进行增、删、改、查找、替换和超链接，对表格进行格式化。

2. 数据管理

对表格中的数据进行排序、筛选、分类汇总操作，利用表格中的数据创建数据透视表和数据透视图。

3. 公式与函数

Excel 提供的公式与函数功能，大大简化了 Excel 的数据统计工作。

4. 图表设计

Microsoft Excel 支持许多类型的图表，可以采用对用户最有意义的方式来显示数据。根据表格中的相关数据生成图表，直观地表现数据和说明数据之间的关系，使用户直观地分析数据，做出决策。Excel 2010 提供了 11 类 74 种图表供用户选择使用。

5. 科学分析

利用系统提供的多种类型的函数对表格中的数据进行回归分析、规划求解、方案与模拟运算等各种统计分析。

6. 网络功能与发布工作簿

将 Excel 的工作簿保存为 Web 页，创建一个动态网页供通过网络查看或交互使用工作簿数据。

4.1.2 Excel 2010 的启动与退出

1. Excel 2010 的启动

启动 Excel 2010 的常用方法如下。

（1）从开始菜单启动

在"开始"菜单中选择"所有程序"命令，在弹出的菜单中单击"Microsoft Office"图标，并在级联菜单中选择"Microsoft Excel 2010"命令。

（2）从桌面快捷方式启动

① 在桌面上创建 Excel 的快捷方式。

② 双击快捷方式图标。

（3）通过工作簿打开

双击已有的 Excel 工作簿，启动 Excel 2010 的同时，也将工作簿打开。

2. 退出 Excel 2010

退出的常用方法如下。

（1）单击 Excel 2010 窗口标题栏右侧的"关闭"按钮。

（2）双击 Excel 2010 窗口标题栏左侧的"控制"图标。

（3）选择"文件"选项卡，在后台视图的导航栏中单击"退出"按钮。

（4）按"Alt+F4"组合键。

（5）单击标题栏左上角的 Excel 2010"控制"图标，然后选择"关闭"命令。

4.1.3 Excel 2010 窗口组成

启动 Excel 2010 后将打开 Excel 2010 的用户界面，如图 4-1 所示，这个窗口与 Word 2010 窗口很相似。

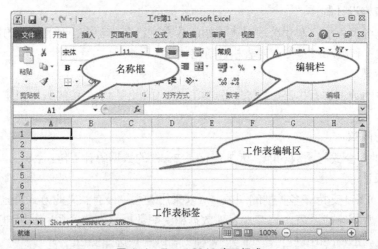

图 4-1　Excel 2010 窗口组成

Excel 2010 窗口主要由标题栏、快速访问工具栏、功能区、选项组、名称框、编辑栏、工作表编辑区、表标签、状态栏、标签滚动按钮等部分组成，用户可定义某些屏幕元素的显示或隐藏。

1. 标题栏

标题栏位于窗口的最上边，主要包括"控制"按钮、应用程序名称和当前文件名称、"最小化""最大化"和"关闭"按钮。

当新建一个空白的工作簿时，系统默认工作簿名称为"工作簿1"。

2. 快速访问工具栏

快速访问工具栏位于窗口的最上边，如图4-2所示，包括"保存""撤销"和"恢复"按钮。是一个可以自定义的工具栏，可以在快速访问工具栏添加一些最常用的按钮。

图4-2　快速访问工具栏

3. 功能区

标题栏下面是功能区，是由选项组和各功能按钮所组成，如图4-3所示。功能区的隐藏和显示可通过"Ctrl+F1"组合键来完成。

图4-3　功能区

4. 选项组

位于功能区中，如"开始"标签中包括"剪贴板""字体""对齐方式"等选项组，相关的命令组合在一起来完成各种任务。图4-4所示为"单元格"选项组。

5. 编辑栏

功能区下面是单元格编辑栏，包括"名称框"、按钮区和"编辑栏"。

图4-4　"单元格"选项组

"名称框"：显示当前活动的单元格的地址。

按钮区：包括"√"按钮、"×"按钮、"fx"按钮。当在"编辑栏"里输入数据完成后，单击"√"按钮或按"Enter"键，确认该单元格此次输入的内容。也可以按"×"按钮，取消前面的输入数据。

"编辑栏"：显示当前活动单元格里的内容。并可以对活动单元格里的内容进行编辑。

"fx"：用来输入公式或函数。

6. 行标题和列标题

用来定位单元格。例如：B7代表第B列7行。行标题用数字，列标题用英文字母表示。

7. 工作表编辑区

窗口中间的区域称为工作表编辑区，用于编辑数据的单元格区域，Excel中所有对数据的编辑操作都在此进行。Excel 2010的工作表是由1048576行和16384列构成的大表格，其中每一个小格称为"单元格"，每个单元格由所在表格的列标加行号定位，构成单元格地址。

8. 状态栏

位于Excel窗口的底部，用于显示当前状态信息和提示信息。如计数、和值、输入模式、视图按钮、显示比例滑块和工作簿中的循环引用状态等。

9. 工作表标签

用于显示工作表的名称，单击工作表标签将激活相应的工作表。

10. 水平、垂直滚动条

用来在水平、垂直方向改变工作表的可见区域。

4.1.4 工作簿与工作表

1. 工作簿

一个工作簿就是一个 Excel 文档，是 Excel 用来存储和处理数据的文件。Excel 2003 文件默认的扩展名为 ".xls"，Excel 2010 文件默认扩展名则为 ".xlsx"。

工作簿由若干个工作表组成，默认情况下一个工作簿有 3 个工作表，用 Sheet1、Sheet2 和 Sheet3 来表示。工作表可根据需要增加或删除。

2. 工作表

工作表是 Excel 存储和处理数据的主体，每张工作表有一个标签与之对应（如 Sheet1），工作表名称显示在窗口底部标签上。

工作表由行和列组成的单元格构成，一个工作表有 1048576 行，使用数字进行编号，称为行号，自上而下行号编为 1～1048576；一个工作表有 16384 列，使用字母组合作为编号，称为列标，列标编为 A、B、…、Y、Z，AA、AB、…，AAA、AAB、…XFD，共 16384 列。具体使用时，Excel 默认使用编辑过的部分为当前表格，即所用单元格区域多大表格就多大。

4.1.5 单元格、活动单元格和单元格区域

1. 单元格

工作表中行和列的交叉位置即为单元格。单元格是组成工作表的最小单位，输入的数据保存在单元格中。

（1）单元格地址：每个单元格由唯一的地址进行标识，即列标加行号，称为单元格地址。例如："C5"表示第 C 列、第 5 行的单元格。每个单元格中可以容纳 32767 个字符。

为了区分不同工作表中的单元格，可在单元格地址前加上工作表名称加感叹号，如 Sheet1！A2。

（2）单元格地址有 3 种表达方式：相对地址、绝对地址、混合地址。绝对地址前加符号 $。

如 A1、B2 表示相对地址，$A$1、$B$2 表示的是绝对地址，$A1、B$2 表示混合地址。

2. 活动单元格

它是指正在使用的单元格。当用鼠标单击一个单元格后，这个单元格即由黑框标注，表示该单元格被选中，是当前活动的单元格，同时在名称框中显示单元格的地址，如图 4-5 所示。当前活动单元格为 B4。

3. 单元格区域

单元格区域是工作表中一个或多个单元格（包括连续和不连续）称作一个单元格区域，可以对区域内数据和单元格进行统一的输入、删除和格式化，一个连续单元格区域名称可以用区域左上角单元格名称加右下角单元格名称中间用冒号隔开，如图 4-6 所示，区域名称为 B2:E10。不连续的单元格区域名称则用所有单元格名称中间用逗号隔开，如（A2，A5，B3，B5，C7，D7）。

图 4-5　活动单元格

图 4-6　单元格区域

4.2　Excel 工作表的操作

4.2.1　Excel 2010 工作簿的基本操作

Microsoft Excel 工作簿是包含一个或多个工作表的文件，可以用其中的工作表来组织各种相关信息。在 Excel 2010 中，一个工作簿建立时系统默认由 3 个工作表组成，用户可以根据需要设定工作表数目。

1. 创建工作簿

创建新工作簿，可以打开一个空白工作簿；也可以基于现有工作簿、默认工作簿模板或任何其他模板创建新工作簿。启动 Excel 2010 时软件自动创建一个新工作簿，默认文件名是"工作簿 1.xlsx"，在关闭 Excel 2010 前继续创建的新工作簿默认文件名依次为"工作簿 2.xlsx""工作簿 3.xlsx"等。

Excel 2010 已启动，创建工作簿的方法有 3 种。

（1）创建空白工作簿

① 单击"文件"选项卡，在导航栏中选择"新建"命令，在"可用模板"下，双击"空白工作簿"。

② 按"Ctrl+N"组合键，立即创建一个新的空白工作簿。

③ 单击"文件"选项卡，在导航栏中选择"新建"命令，单击右侧下方的"创建"按钮，立即创建一个新的空白工作簿，如图 4-7 所示。

图 4-7　"空白工作簿"创建工作簿窗口

（2）基于现有工作簿创建工作簿

单击"文件"选项卡，在导航栏中选择"新建"命令，在"可用模板"下，如图4-8所示，单击"根据现有内容新建"，通过浏览找到要使用的工作簿的位置，然后单击"新建"。

图4-8　　"根据现有内容新建"工作簿窗口

（3）基于模板创建工作簿

单击"文件"选项卡，在导航栏中选择"新建"命令，在"可用模板"或"Office.com模板"下，选择所需要的模板。

2. 保存工作簿

首次保存工作簿时，单击"文件"选项卡，在导航栏中选择"保存"命令，或单击快速访问工具栏上的"保存"按钮，打开"另存为"对话框，如图4-9所示。选择适当的保存路径，在"文件名"文本框中输入名称，单击"保存"按钮。

图4-9　　"另存为"对话框

如果不是第一次保存或是保存已打开的文档，单击"文件"选项卡，在导航栏中选择"保存"命令或单击快速访问工具栏上的"保存"按钮直接保存。

如果需要保存为其他的文件，单击"文件"选项卡，在导航栏中选择"另存为"命令，打开"另存为"对话框，如图 4-9 所示。选择适当的保存路径，在"文件名"文本框中输入名称，单击"保存"按钮。

3. 打开工作簿

单击"文件"选项卡，在导航栏中选择"打开"命令，打开"打开"对话框，选择文件所在位置，选取所需要的文件即可。

4. 关闭工作簿

单击"文件"选项卡，在导航栏中选择"退出"命令，或单击标题栏最右侧的"关闭"按钮。

如果要关闭当前正在编辑的工作簿，但不退出 Excel，单击"文件"选项卡，在导航栏中选择"关闭"命令，或单击功能区右上角的"关闭窗口"按钮。如果有其他已打开的工作簿，就会自动变为当前工作簿。

4.2.2　工作表的基本操作

1. 工作表的选定

（1）选定单个工作表

单击要选定的工作表。

（2）选定连续工作表

单击第一个要选定的工作表后，按住"Shift"键，单击最后一个工作表标签。

（3）选定不连续工作表

单击第一个要选定的工作表后，按住"Ctrl"键，逐个单击所选的工作表标签。

（4）选定全部工作表

右键单击其中一个工作表，在打开的快捷菜单中选择"选定全部工作表"命令。

2. 插入工作表

新建的工作簿中默认含有 3 个工作表，可以根据需要改变工作表的数目。插入工作表的方法有两种。

（1）在"工作表标签"上右键单击鼠标，在出现的快捷菜单中选择"插入"命令，打开"插入"对话框，如图 4-10 所示，选择"工作表"，单击"确定"按钮，完成新工作表的插入。

图 4-10　"插入"对话框

（2）选定"工作表标签"，单击"开始"选项卡上"单元格"组中的"插入"按钮，在"插入"下拉列表中，选择"插入工作表"命令，如图 4-11 所示，则在选定的"工作表标签"前面插入了一个新的工作表。也可以在选定"工作表标签"后，使用"Shift+F11"组合键完成工作表的插入。

3. 删除工作表

删除工作表的方法有两种。

（1）右键单击选定"工作表标签"，在打开的快捷菜单中选择"删除"命令，即可删除该工作表。

（2）选定"工作表标签"，单击"开始"选项卡上"单元格"组中的"删除"按钮，在"删除"下拉列表中，选择"删除工作表"命令，则删除选定的工作表。

4. 移动或复制工作表

移动或复制工作表可以在同一工作簿中进行，也可以在不同的工作簿中进行。

（1）用鼠标拖动方式：鼠标拖动"工作表标签"到目标位置即为工作表的移动。按下"Ctrl"键的同时，鼠标拖动"工作表标签"到目标位置即完成工作表的复制。

（2）用菜单的方式：右键单击要移动或复制的"工作表标签"，在弹出的快捷菜单中选择"移动或复制工作表"命令，打开"移动或复制工作表"对话框，如图 4-12 所示，复制工作表要选中"建立副本"，移动时不选中该项目。

图 4-11 "插入工作表"选项   图 4-12 "移动或复制工作表"对话框

注意

如果要在不同工作簿之间移动或复制，应先选定工作簿，然后选定工作表的位置。

5. 工作表的重命名

（1）右键单击需要重命名的"工作表标签"，在弹出的快捷菜单中选择"重命名"命令，工作表的标签文字反相显示，输入新的工作表名称后按"Enter"键即可。

（2）双击"工作表标签"，工作表名反相显示，输入新的工作表名称。

6. 改变默认工作表数

单击"文件"选项卡，在导航栏中选择"选项"命令，打开"Excel 选项"对话框，如图 4-13 所示，选择"常规"标签卡。对"包含的工作表数"进行设置。

7. 冻结工作表

当工作表中数据量非常大时，可以通过冻结工作表窗口的操作，将窗口左侧的若干列或者窗口上端的若干行固定显示在窗口中。

图 4-13　设置新工作簿默认工作表数

　　冻结窗口的操作：选定要冻结部分的下一行或后一单元格，单击"视图"选项卡上"窗口"组中的"冻结窗格"按钮，如图 4-14 所示，选择"冻结窗格"下拉列表中的"冻结拆分窗格"命令，即可完成水平或垂直或水平垂直同时冻结。如果要冻结首行或首列则不需选定冻结位置。直接在"冻结窗格"下拉列表中选择"冻结首行"或"冻结首列"即可。

　　要取消窗口的冻结，在"冻结窗格"下拉列表中，选择"取消冻结窗格"命令。

8. 保护工作表

　　单击"审阅"选项卡上"更改"组中的"保护工作表"按钮，如图 4-15 所示，打开"保护工作表"对话框，在"取消工作表保护时使用的密码"文本框中输入密码。这样，只有输入密码才能取消工作表的保护。

图 4-14　"冻结窗格"按钮

图 4-15　"保护工作表"对话框

4.2.3　工作表数据的输入

　　选定单元格或单元格区域后，便可以在其内直接输入数据（或单击编辑栏输入），输入完毕后按"Enter"键确认，在按"Enter"键之前，也可以按"Esc"键取消输入的内容。Excel能自动识别所输入的是哪一种类型，并进行适当的处理，下面介绍常用的数据输入方法。

1. 输入数据的方法

　　可以用以下方法向单元格中输入数据。

　　（1）单击要输入数据的单元格，直接输入数据。

　　（2）双击要输入数据的单元格，单元格内出现插入光标" | "，移动光标到适当位置后

再输入数据，也可修改单元格中的内容。

（3）单击要输入数据的单元格，再单击编辑栏，在编辑栏中编辑单元格的内容。

（4）如果要在单元格内换行输入，按"Alt+Enter"组合键即可；或在"开始"选项卡的"单元格"组中，单击"格式"按钮，在"格式"下拉列表中选择"设置单元格格式"命令，打开"设置单元格格式"对话框，在对齐标签下，选中"自动换行"，如图 4-16 所示；也可以在"开始"选项卡上的"对齐"组中，如图 4-17 所示，单击"自动换行"![按钮]按钮。

图 4-16 "自动换行"设置

图 4-17 "对齐方式"组

（5）如果要在多个单元格或单元格区域中同时输入数据，首先选择多个要输入相同数据的单元格，然后输入数据，输入完毕按"Ctrl+Enter"组合键来确定。

（6）切换单元格除了使用鼠标单击外，还可以使用键盘上的方向键，水平向右切换可以使用"Tab"键，竖直向下切换可以使用"Enter"键。

2. 数值的输入

（1）数值除了包括 0～9 外，还包括符号，如：+、−、*、/、^、（ ）、$、%等。

（2）数值数据在单元格中默认的对齐方式是右对齐，有效数字为 11 位；超过 11 位自动变为科学计数法。例如，输入"5000000000000"时，则显示"5E+12"。如果因为单元格宽度变化致使宽度不足以显示数值数据，则单元格内显示"###"。

（3）输入负数时，可以直接输入"−"号再输入数字，如"−1000"；也可以输入"（1000）"，也显示为"−1000"。

（4）在计算机中是不存在分数制这一概念的。Excel 允许以分数的形式来表现小数，具体方法是：在整数和分数之间加一个空格，真分数的输入是先输入一个"0"，按空格键，再输入分数形式，则在单元格内显示分数，但在编辑栏中显示的是小数，如图 4-18 所示。

3. 文本的输入

（1）文本的输入可包括汉字、字母、数字和符号等。

（2）单元格中输入文本的最大长度为 32767 个字符。单元格最多只能显示 1024 个字符，在编辑栏可全部显示。文本型数据默认为左对齐。当文字长度超过单元格宽度时，如果右边相邻单元格无数据，则可显示出来，否则隐藏。

（3）如果文本全部由数字组成，例如电话号码、身份证号等，为了避免被 Excel 认定为数值型数据，则在文本前加英文单引号"'"，如图 4-19 所示。

图 4-18　数值显示格式

图 4-19　文本型数字格式

4. 日期和时间的输入

在单元格中输入可识别的日期和时间的数据时，单元格的格式就会自动从通用格式转换成相应的"日期"或"时间"格式。

如果将该单元格格式设为"日期"，在单元格输入数值时，Excel 2010 将会以 1900 年 1 月 0 日作为起点，将输入的数值作为天数累加。

日期和时间数据可以选择不同的显示格式，无论在输入时使用哪种格式，最终显示的都是选定的格式，如图 4-20 所示。

（1）输入日期用"/"或"−"作为年月日的分隔符。直接输入格式为"yyyy/mm/dd"或"yyyy−mm−dd"，也可以是"yy/mm/dd"或"yy−mm−dd"，还可输入"mm/dd"。例如，2015/05/05，15−8−21，8/20。当年份使用两位时，系统会自动扩展为四位，年份值大于等于 30，年份前两位会自动加"19"，否则加"20"。

（2）输入时间用"："作为分隔符。直接输入格式为"hh:mm[:ss][AM/PM]"。例如 8:25:45，3:20:50 PM。

（3）日期和时间数据输入：日期和时间用空格分隔，如 2015−8−21　9:25:00。

（4）快速输入当前日期：按"Ctrl+；"组合键。

（5）快速输入当前时间：按"Ctrl+："组合键。

5. 数据的快速录入

（1）相同内容单元格的输入

先选定填充相同内容的单元格区域，在当前单元格内输入数据，按"Ctrl+Enter"组合键，在区域中每个单元格都会填充相同数据，如图 4-21 所示。

图 4-20　日期数据输入

图 4-21　区域填充

（2）利用菜单填充

选定包含源数据的单元格区域，选择"开始"选项卡上"编辑"组中的"填充"按钮，在"填充"下拉列表中选择填充方式完成填充，如图4-22所示。若想要填充序列，则在"填充"下拉列表中选择"系列"命令，打开图4-23所示的"序列"对话框。在对话框中进行相应的设置。

（3）序列填充

在当前单元格中输入数据，使用"填充柄"向其他单元格中填充。填充柄▢▢位于选定区域右下角的小黑方块，鼠标指向填充柄时，鼠标的指针更改为黑十字，按住"填充柄"拖动可以进行复制或填充序列，如图4-24所示。如果源数据不是默认或自定义的序列，则进行复制；如果是默认或自定义的序列，则进行"序列"填充。向右或向下填充是按默认序列正序填充，向左或向上填充是按默认序列逆向填充。

图4-22　"填充"下拉列表　　图4-23　"序列"对话框　　图4-24　使用填充柄填充数据

Excel 2010默认的序列如下。

① 文本型数字：-4294967295～4294967295这个范围内的数字都被Excel 2010定义为默认序列。

② 日期型数据：按日自动顺延自动填充。

③ 时间型数据：按小时自动顺延自动填充。

④ Excel 2010定义的序列：如图4-26所示。

（4）等差或等比序列填充

输入数值时，如果将相邻数值选中，使用"填充柄"填充时，会按等差数列填充，公差为两个数值之间的差值。如果选中的是一个区域使用"填充柄"填充，则区域中的属于"序列"部分的数据按序列填充，其他的数据按单元格区域进行复制填充。

（5）自定义序列：单击"文件"选项卡，在导航栏中单击"选项"命令，打开图4-25所示的"Excel选项"对话框，在对话框左侧选择"高级"项后，单击右侧常规栏里的"编辑自定义列表"按钮，打开图4-26所示的"自定义序列"对话框，自定义序列栏中显示的是已存在的序列。

① 添加序列：在右列表框依次输入需要添加的序列内容，每输入完一项按"Enter"键，输入完成后单击"添加"按钮即可，左列表框即显示新增的序列，如图4-27所示。

② 删除自定义的序列，按上述步骤打开"自定义序列"对话框，在左列表框中选择需要删除的序列，单击"删除"按钮即可，如图4-27所示。

图 4-25　"Excel 选项"对话框

图 4-26　"自定义序列"对话框

图 4-27　"自定义序列"对话框

6. 用下拉列表快速输入数据

如果某些单元格区域中要输入的数据很有规律，如职称（技术员、助理工程师、工程师、高级工程师等）、学历或学位（小学、初中、高中、中专、大专、本科、硕士、博士、博士后等）等，假如希望减少手工录入的工作量，这时就可以设置下拉列表，以实现选择输入。操作方法如下。

首先选取需要设置下拉列表的单元格区域，选择"数据"选项卡上"数据工具"组中的"数据有效性"按钮，在下拉列表中选择"数据有效性"命令，如图4-28所示，打开"数据有效性"对话框，如图4-29所示。

在"数据有效性"对话框中选择"设置"标签卡，在"允许"下拉列表中选择"序列"命令，在"来源"编辑框中输入设置下拉列表所需的数据序列，如"技术员，助理工程师，工程师，高级工程师"（标点符号必须是英文状态），并选中"提供下拉箭头"复选框，单击"确定"按钮。这样，在输入数据的时候，就可以单击单元格右侧的下拉箭头选择输入数据，从而加快输入速度，如图4-30所示。

图4-28 "数据有效性"下拉列表

图4-29 "数据有效性"对话框

图4-30 用下拉列表快速输入数据

4.2.4 单元格的插入与删除

插入操作主要包括在工作表中插入空白的单元格、单元格区域、整行或整列等。

1. 插入单元格

插入单元格的方法有两种。

（1）先选中要插入单元格的位置，在"开始"选项卡上"单元格"组中，单击"插入"按钮，在下拉列表中选择"插入单元格"命令。打开"插入"对话框，如图4-31所示，根据需要进行选择，按"确定"按钮完成插入单元格的操作。

图4-31 "插入"对话框

（2）在选定的单元格上右键单击，选择"插入"命令，同样打开"插入"对话框，完成插入单元格操作。

2. 插入行或列

插入行或列的方法有两种。

（1）在要插入的行或列中选中单元格，在"开始"选项卡"单元格"组中，单击"插入"按钮，在下拉列表中选择"插入工作表行"或"插入工作表列"命令即可。

（2）在选定的行或列上右键单击，选择"插入"命令，在打开的"插入"对话框中选择整行或整列，单击"确定"按钮完成行或列的插入。

快速重复插入行或列的操作，先按上述两种方法之一完成一次插入行或列的操作，再单击要插入行或列的位置，按"Ctrl+Y"组合键即可。

插入多行或多列的方法是：以在第 5 行前插入 3 行为例，选定单元格区域 B5:B7（所选区域的行号一定是 5 到 7 行，列标不限）。选定的行数应与要插入的行数相等，再按上述两种方法之一完成即可。

3. 插入批注

批注是对单元格的注解和说明，只可以在界面查看，不能打印。

插入方法一：选定需要添加批注的单元格，在"审阅"选项卡上的"批注"组中单击"新建批注"按钮，如图 4-32 所示，在文本框内输入相应的内容，如图 4-33 所示，单击其他单元格结束输入。

图 4-32　"审阅"选项卡

插入方法二：选定需要添加批注的单元格右键单击，选择"插入批注"命令，同样出现图 4-33。批注内容即可显示也可隐藏，对于隐藏批注的单元格，只要将鼠标指向该单元格时，即可显示批注内容。

4. 清除单元格

单元格中包括格式、内容、批注、超链接 4 个方面的信息，所有信息可一次全部清除也可分别清除。清除方法有两种。

（1）选定要清除数据的单元格或区域，按"Backspace"键只清除所选区域左上角单元格内容，按"Delete"键清除所选区域全部单元格内容。

（2）先选定需要清除的区域，在"开始"选项卡上"编辑"组中，单击"清除"按钮，在下拉列表中选择相应命令即可，如图 4-34 所示。

图 4-33　插入批注

图 4-34　"清除"菜单

① 全部清除：清除选定单元格的内容、格式、批注和超链接。

② 清除格式：清除选定单元格的格式，内容、批注和超链接均不改变。

③ 清除内容：清除选定单元格的内容和超链接，格式和批注均不改变。

④ 清除批注：清除选定单元格的批注，内容、格式和超链接均不改变。

⑤ 清除超链接：清除选定单元格的超链接，内容、格式、批注均不改变。

清除单元格不同于删除，删除单元格将使单元格的位置发生变化。

5. 删除单元格或单元格区域

删除单元格是将单元格和单元格中的数据都删除，删除单元格的方式有两种。

选定要删除的单元格区域，在"开始"选项卡上"单元格"组中，单击"删除"按钮，在下拉列表中选择相应命令，如图 4-35 所示。

① 删除单元格：打开"删除"对话框，如图 4-36 所示，根据具体的情况选择删除方式，例如单元格、整行或整列。

② 删除工作表行：删除选定区域所有行。

③ 删除工作表列：删除选定区域所有列。

④ 删除工作表：删除选定区域所在工作表。

图 4-35 "删除"按钮

图 4-36 "删除"对话框

也可以右键单击要删除的单元格区域，在弹出的快捷菜单中选择"删除"命令，按照提示进行操作。

6. 删除行或列

选定要删除的行或列中任意单元格，在图 4-35 中直接选择"删除工作表行"或"删除工作表列"即可。

7. 恢复数据

如果操作错误导致数据出现问题，可以使用快速访问工具栏的"撤销" 按钮恢复数据。

4.2.5 数据的移动与复制

单元格中的数据可以移动或复制到同一个工作表的其他地方、另一个工作表或另一个应用程序中。该功能对设计表格是十分重要的。

1. 选定方式

（1）连续单元格区域：单击单元格区域左上角，拖动至区域的右下角。

（2）不连续的单元格选择：先选定一个单元格，按住"Ctrl"键，再选取其他要选定的单元格。按住"Ctrl"键的同时拖动鼠标，也可以选定不连续的单元格区域。

（3）选定整行或整列：用鼠标单击行首或列首。

（4）选定连续的行或列：用鼠标在行号或列标上拖动。

（5）选定不连续的行或列：选定第 1 行（列）后，按住"Ctrl"键，再选择其他行（列）。

（6）选定整个工作表：单击"全选"按钮（工作表左上角的行、列交叉点），如图 4-37 所示，可将整个工作表选定；或使用"Ctrl + A"

图 4-37 "全选"按钮

组合键。

2. 使用鼠标移动与复制数据

（1）选定要移动或复制的单元格区域。

（2）将鼠标指针指向选定区域的边框线上，鼠标变成黑色十字箭头时，按住鼠标左键拖动到新位置，即可完成移动数据的操作。

（3）要想完成复制数据的操作，则在拖动的同时按下"Ctrl"键，到目标单元格时，先释放鼠标左键，再释放"Ctrl"键，完成复制操作。

（4）使用右键拖动单元格区域，释放右键时会产生一个快捷菜单，可以选择"复制"还是"移动"单元格区域，如图4-38所示。

3. 使用菜单移动与复制数据

（1）选定要移动或复制的单元格区域。

（2）在"开始"选项卡上"剪贴板"组中，单击"剪切"按钮，如图4-39所示。

图4-38　右键拖动单元格区域效果图

图4-39　"剪贴板"组

（3）选择要放置数据的单元格，单击"剪贴板"组中的"粘贴"按钮，即可完成移动数据的操作。如果是移动单元格区域，则以选定的单元格作为新单元格区域的左上角。

（4）要想完成复制数据的操作，则在步骤（2）中，单击"复制"按钮。

4. 使用右键菜单移动与复制数据

（1）选定要移动或复制的单元格区域。

（2）右键单击选定区域，在快捷菜单中选择"剪切"命令。

（3）选择要放置数据区域左上角的单元格，右键单击选定区域，在快捷菜单中选择"粘贴"命令，即可完成移动数据的操作。

（4）要想完成复制数据的操作，则在步骤（2）中，选择"复制"命令。

5. 使用组合键移动与复制数据

（1）选定要移动或复制的单元格区域。

（2）按下"Ctrl+X"组合键。

（3）选择要放置数据区域左上角的单元格，按下"Ctrl+V"组合键，即可完成移动数据的操作。

（4）要想完成复制数据的操作，则在步骤（2）中，按下"Ctrl+C"组合键。

6. 复制或移动整行、整列数据

单击要移动或复制的行号或列标，按住鼠标左键拖动目标行号或列标，释放鼠标左键完

成整行或整列数据移动；如果是复制整行或整列数据，在拖动过程中按住"Ctrl"，到目标行号或列标时，先释放鼠标左键，再释放"Ctrl"键，完成复制操作。

4.3 工作表的格式化

4.3.1 行高和列宽的设置与调整

创建工作表时，在默认情况下，所有单元格都具有相同的宽度和高度，输入的字符串超过列宽时，超长的文字在右侧单元格有数据时被隐藏，数字数据则以"#####"显示。可通过行高和列宽的调整来显示完整的数据。

1. 调整列宽

在 Excel 中，默认的列宽是 8 个字符。用户可以根据需要调整列宽，调整列宽的方法如下。

（1）选定需要调整列宽的区域。

（2）单击"开始"选项卡上"单元格"组中"格式"按钮，如图 4-40 所示。

在下拉列表中选择"列宽"命令。打开"列宽"对话框，如图 4-41 所示，输入设定的列宽，单击"确定"按钮，完成对列宽的调整。

（3）如果在"格式"下拉列表中选择"自动调整列宽"命令，则选定区域中的所有列均会根据已输入数据调整为最适合的宽度。

（4）如果在"格式"下拉列表中选择"默认列宽"命令，则打开"标准列宽"对话框，如图 4-42 所示，输入设定的列宽，单击"确定"按钮，则当前工作表中所有未设定列宽的列均会调整为设定的宽度。

图 4-40 "格式"按钮

图 4-41 "列宽"对话框

图 4-42 "标准列宽"对话框

也可以用鼠标直接完成对列宽的调整，先在列标上选定要调整列宽的列，如果想调整为同一宽度，则将鼠标指向选定列中任意列列标右侧的分界线，拖动鼠标，调整至需要的宽度；如果想根据选定列中已输入的数据，调整为最适合的宽度，则将鼠标指向选定列中任意列列标右侧的分界线，双击鼠标。

2. 调整行高

调整行高的方法与调整列宽相似，这里不再赘述。

4.3.2 数据格式设置

在单元格中输入数据时，系统一般会根据输入的内容自动确定数据的类型、字形、大小、对齐方式等格式。也可以根据需要进行重新设置。

单击"开始"选项卡上"单元格"组中"格式"按钮，如图 4-40 所示。在下拉列表中选择"设置单元格格式"命令，打开"设置单元格格式"对话框，如图 4-43 所示。选择相应的"数字""对齐""字体""边框""填充""保护"等选项卡进行设置。

图 4-43   "设置单元格格式"对话框

1. 数字格式

方法一：选定要设置格式的单元格区域。在"设置单元格格式"对话框中选定"数字"选项卡，或在"开始"选项卡上的"数字"组中，单击"数字"旁边的"对话框启动器"（或直接按"Ctrl+1"组合键），如图 4-44 所示位置（在很多工具组的相同位置都有这个按钮，后面用到不再说明）。打开"设置单元格格式"对话框，当前定位于数字选项卡下，如图 4-43 所示。

在"分类"列表中，单击要使用的格式，在必要时调整设置。

（1）常规：以输入的数据类型为准，不做限定。

（2）数值：可以设置小数位和千分位，"货币"和"会计专用"在数值前加"¥"，如图 4-45 所示。

图 4-44   "对话框启动器"位置   图 4-45   货币型数据和会计专用型数据

（3）日期和时间：是数值型数据的变形，可以选择日期或时间样式，如图 4-46 所示。选定日期或时间样式后，不管以哪种形式输入的日期或时间型数据在表格中都会以选定样式显示，如图 4-47 所示。

图 4-46 "日期"格式设定

（4）百分比：输入的数值直接转换为百分数。如输入 35，显示的就是 35%，就是相当于输入了 0.35；如果将已存在数值的单元格格式设为"百分比"格式，系统自动将数值乘以 100 再加%，如 35，显示为 3500%。

（5）分数：允许输入分数格式，如图 4-48 所示。根据需求选择不同选项，如果输入的分数与选择的格式不符，系统自动转换成选定的格式。

图 4-47 日期数据显示样式

图 4-48 "分数"格式设定

（6）科学计数：以科学计数法显示数值。输入任何数值数据都以科学计数法格式显示在单元格内，如图 4-49 所示。

（7）文本：单元格数据为文本格式，即输入的数字是文本型数字。

（8）特殊：包括"邮政编码""中文小写数字""中文大写数字"。

① 邮政编码：输入的数值不足六位时，系统自动在数值前补零，保证单元格内显示与邮

政编码一样的格式，如图 4-50 所示。注意：数据仍然是数值型数据，可以进行数学运算。

② 中文小写数字：数值以中文小写数字形式显示，如图 4-51 所示。可以进行数学运算。

③ 中文大写数字：数值以中文大写数字形式显示，如图 4-51 所示。可以进行数学运算。

（9）自定义：以现有格式为基础，生成自定义的数字格式，如图 4-52 所示。根据需要在格式输入框中输入或者编辑数字格式。设置结束后，按"确定"按钮。

图 4-49　"科学计数法"格式设定

图 4-50　"邮政编码"格式

图 4-51　"中文小写数字"与"中文大写数字"

图 4-52　"自定义"选项

方法二：若要应用数字格式，选定要设置数字格式的单元格，在"开始"选项卡"数字"组中，如图 4-53 所示，单击"常规"下拉按钮，在下拉列表中选择单元格数字格式，如图 4-54 所示。

2. 对齐设置

方法一：选定要设置格式的单元格区域。在"设置单元格格式"对话框中选定"对齐"选项卡，或在"开始"选项卡上"对齐方式"组中，单击"对齐方式"旁边的"对话框启动器"，打开图 4-55 所示对话框，可以设置所选单元格区域内数据在单元格内水平和垂直的对齐位置。

图 4-53　"数据"组

图 4-54　"常规"菜单

图 4-55　"对齐"选项卡对话框

可以设置所选单元格区域内数据在单元格内水平和垂直的对齐位置；在"方向"选项中可以设置文字在单元格内排列的角度；选择在"文本控制"选项中的"缩小字体填充"选项。当单元格内输入的文本超过单元格宽度时，系统自动缩小字号以保证文本能够在单元格宽度内完整显示，如图 4-56 所示。

方法二：选择需要设置对齐方式的单元格区域，在"开始"选项卡上的"对齐方式"组中，单击需要的对齐选项按键，如图 4-57 所示。例如，要更改单元格内容的水平对齐方式，请单击"文本左对齐"▤、"居中"▤或"文本右对齐"▤。

图 4-56　文字方向设置

图 4-57　"对齐方式"组

3.字符格式设置

方法一：操作步骤如下。

STEP 1 选定要设置字体格式的单元格区域。

STEP 2 在"设置单元格格式"对话框中选定"字体"选项卡，或单击"开始"选项卡上"字体"组中的"对话框启动器"，在对话框中进行设置，如图4-58所示。

图4-58 "字体"选项卡对话框

STEP 3 在"字体"列表中，选择需要的字体类型。

STEP 4 在"字号"列表中，选择需要的字号的大小。

STEP 5 在"字型"列表中，可以进行改变成粗体、斜体操作。

STEP 6 在"下划线"列表中，选择需要的下划线类型。

STEP 7 在"颜色"列表中，选择需要的颜色。

STEP 8 用户还可根据需要，加特殊效果，在复选框中进行选择。

STEP 9 设置结束后，按"确定"按钮。

方法二：选中要设置字体格式的单元格，然后在"开始"选项卡上"字体"组中，单击要使用的格式，如图4-59所示。

5.边框格式设置

Excel工作表是没有实体边框的，需要单独设置边框。

方法一：选择需要设置边框的单元格区域，在"设置单元格格式"对话框中选定"边框"选项卡，或在"开始"选项卡上"字体"组中，单击"边框"下拉按钮，在下拉列表中选择"其他边框"命令，打开"边框格式"对话框，如图4-60所示。在此对话框中进行"线条""颜色""边框"的选择，最后单击"确定"按钮。

图4-59 "字体"组

方法二：选择需要设置边框的单元格区域，单击"边框"下拉按钮，如图4-61所示，然后单击边框样式。

要删除单元格边框，请单击"边框"下拉的按钮，然后选择"无边框"命令。

图 4-60 "边框"选项卡对话框   图 4-61 "边框"菜单

6.底纹设置

选择需要设置底纹的单元格或单元格区域,在"设置单元格格式"对话框中选定"填充"选项卡,如图 4-62 所示,可以给选定单元格区域添加背景,可以用不同的颜色和图案作为单元格的背景。

图 4-62 "填充"选项卡

7.其他设置

"保护"选项卡可以设置单元格的保护,其中,"锁定"复选框可以防止选定的单元格区域被修改或删除。

8.格式刷

在"开始"选项卡上"剪贴板"组中,有"格式刷"按钮,其功能是把选定单元格区域的格式信息迅速应用于其他的单元格区域。使用格式刷的方法如下。

(1)选定要复制格式信息的单元格区域(源单元格)。

(2)单击"剪贴板"组中的"格式刷"按钮,使鼠标指针变成刷子形状。

(3)在选定目标单元格区域按住鼠标左键拖动鼠标。

(4)释放鼠标左键,完成操作。

如果双击"格式刷"按钮，可以连续使用格式刷，要退出格式刷状态，可以按 Esc 键。

9. 条件格式

条件格式是根据条件使用数据条、色阶和图标集，以突出显示相关单元格，强调异常值以及实现数据的可视化效果。系统自动应用于单元格的格式，如单元格数字格式、字符格式、底纹或边框等。通过为数据设置条件格式，只需要快速浏览即可立即识别一系列数值中存在的差异。使用"开始"选项卡上"样式"组中的"条件格式"选项，可以将选定单元格区域单元格及其数据按条件生成不同格式。而条件的设定既可以是绝对条件（如大于、小于、等于、不等于等），也可以是相对条件（如值最大的 10 项、值最小的 10 项、高于平均值、低于平均值等）。

操作方法：选定单元格区域，在"开始"选项卡上"样式"组中，单击"条件格式"按钮，在"条件格式"下拉列表中选择相应命令，在级联菜单中进行选择，如图 4-63 所示，设置条件。

10. 套用表格格式

在 Excel 中，预先设置了一些表格形式，套用表格格式是通过选择预定义表样式，快速设置一组单元格的格式，并将其转换为表。利用系统的"套用表格样式"功能，可以快速地对工作表进行格式化，使表格变得美观大方。系统预定义了三大类（浅色、中等深浅、深色）60 种表格的格式。

操作方法：选定要设置格式的单元格区域。在"开始"选项卡上的"样式"组中，单击"套用表格格式"按钮，在下拉列表中进行选择，如图 4-64 所示。

图 4-63　条件格式设置　　　　　图 4-64　"套用表格格式"列表

【例 4-1】完成如图 4-65 所示"学生入学情况统计表"的编制。

【操作步骤】

STEP 1 创建工作簿

启动 Excel 2010，创建一个空白工作簿。

STEP 2 输入数据

① 在 A1 格内输入"学生入学情况统计表"。

② 在第 2 行依次输入图 4-65 所示的"序号""姓名""性别""政治面貌"等。

学生入学情况统计表								
序号	姓名	性别	政治面貌	身份证	籍贯	报到日期	入学成绩	类别
001	张志福	男	党员	101199803241	黑龙江 哈尔滨	2014/9/1	487	文史
002	胡建华	男	团员	201199803241	黑龙江 齐齐哈尔	2014/9/3	206	理工
003	刘扬青	女	群众	301199703241	黑龙江 牡丹江	2014/9/2	301	理工
004	赵世明	男	党员	401199610251	黑龙江 佳木斯	2014/9/2	512	文史
005	李小丽	女	团员	501199810241	黑龙江 大庆	2014/9/3	456	理工

图 4-65　学生入学情况统计表

③ 在第 3 行输入学生（张志福）数据，在输入序号"001"时直接设为文本型（在数据前先输入"'"）。使用填充柄生成序号序列。身份证数据也要直接设为文本型。输入籍贯数据时先输入"黑龙江"，再按"Alt +Enter"组合键换行，换行后再输入"哈尔滨"，其他籍贯数据输入方法相同。

④ 选定 I2 单元格，右击在快捷菜单中选择"插入批注"命令，，在出现的文本框内输入"类别除需标明理工科和文史科以外如果是艺术生或体育生还需用批注注明"的内容，单击其他单元格结束输入。

STEP 3 表格格式设置

① 选择 A1:I1 单元格，单击"开始"选项卡上"对齐方式"组中的"合并及居中"按钮，设置字号为"22"，字体颜色为"深红"（如无说明下列各操作均在"开始"选项卡下完成）。

② 选择 A2:I7（即全部数据），设置字号为"14"，单击"单元格"组中的"格式"按钮，在下拉列表中选择"自动调整列宽"，再次单击"格式"按钮，在下拉列表中选择"行高"，设置行高为"40"。单击"对齐方式"组右下角的"对话框启动器"按钮，在"设置单元格格式"对话框中设置"水平对齐"和"垂直对齐"均为"居中"。

③ 选择 A2:I2，单击"字体"组中"填充颜色"按钮处的下拉式按钮，在标准色中选定"浅绿"作为背景色。

④ 选择 D3:D7，单击"样式"组中"条件格式"按钮，在下拉列表中选择"突出显示单元格规则"，在级联菜单中选择"等于"命令，打开"等于"对话框，设置图 4-66 所示。按"确定"按钮。

⑤ 选择 A2:I7（即全部数据），单击"字体"组中"边框"按钮的下拉钮，选择"所有框线"。

4. 保存工作簿

（1）设置工作簿密码：单击"文件"选项卡，在导航栏中选择"信息"命令，在级联菜单中选择"保护工作簿"选项下的"用密码进行加密"命令，如图 4-67 所示。出现"加密文档"对话框，如图 4-68 所示，在文本框中输入密码，单击"确定"按钮。出现"确认密码"对话框，如图 4-69 所示，再输入一遍密码，单击"确定"按钮即可。

图 4-66　"等于"条件对话框

图 4-67　保护工作簿菜单

图 4-68　"加密文档"对话框

图 4-69　"确认密码"对话框

（2）单击"文件"选项卡，在导航栏中的选择"保存"或"另存为"命令，打开"另存为"对话框，在"文件名"下拉框中将"工作簿 1"改为"学生入学情况表"，将文件保存于桌面，单击"保存"按钮，如图 4-70 所示。

图 4-70　"另存为"对话框

（3）打开工作簿：双击"学生入学情况表"文档图标，出现密码对话框，如图 4-71 所示，输入正确的密码，单击"确定"按钮。

图 4-71 "密码"对话框

4.4 公式和函数的使用

Excel 具有强大的数据计算功能，用户可以使用公式或函数来完成对工作表中数据的计算。

4.4.1 使用公式运算

在 Excel 中，可以利用公式进行加、减、乘、除、乘幂等各种数值的计算，也可以进行逻辑比较运算。输入公式时是以"="作为开始，然后才是公式的表达式，在一个公式中，可以包含各种运算符、常量、变量、函数、单元格地址等。

1.公式中的运算符

公式中的运算符包括算术运算符、比较运算符、文本连接运算符和引用运算符。

表 4-1 常用的运算符

运算符类型	运算符	作用	示例
算术运算符	+	加法运算	7+3 或 C1+D1
	–	减号运算	5-3 或 E1-B1 或-B1
	*	乘法运算	2*3 或 A21*C7
	/	除法运算	6/1 或 A1/B1
	%	百分比运算	80%
	^	乘幂运算	6^3
比较运算符	=	等于运算	B51=A2
	>	大于运算	B5>A2
	<	小于运算	B5<A2
	>=	大于或等于运算	B5>=A2
	<=	小于或等于运算	B5<=A2
	<>	不等于运算	B5<>A2
文本连接运算符	&	用于连接多个单元格中的文本字符串，产生一个文本字符串	B5&A2
引用运算符	：（冒号）	特定区域引用运算	B51:F8
	，（逗号）	联合多个特定区域引用运算	SUM（B5:B9，C3:D7）
	（空格）	交叉运算，即对两个共引用区域中共有的单元格进行运算	B5:B9 C3:D7

2.运算符的优先级顺序

公式中拥有众多运算符，而它们的运算优先顺序也各不相同，正是因为这样它们才能默契合作实现各类复杂的运算，运算符的优先顺序如表 4-2 所示。

表 4-2　运算符的优先顺序

优先顺序	运算符	说明
1	: (冒号)、(空格)、, (逗号)	引用运算符
2	–	作为负号使用 (如: –8)
3	%	百分比运算
4	^	乘幂运算
5	*和/	乘和除运算
6	+和–	加和减运算
7	&	连接两个文本字符串
8	=、<、>、<=、>=、<>	比较运算符

3.使用公式

【例 4-2】使用公式计算一季度销售统计表的一季度销量，如图 4-72 所示。

图 4-72　一季度销售统计表

【操作步骤】

STEP 1 用鼠标单击单元格 E3，选定单元格。

STEP 2 在编辑栏内输入"= B3+C3+D3"，如图 4-73 所示，按"Enter"键或单击"√"完成输入。

图 4-73　一季度销售统计表公式计算

STEP 3 使用填充柄完成其他品牌客车一季度销量的计算，具体的操作是：将鼠标放在 E3 单元格的右下角，当鼠标指针变成黑色十字形时，拖动鼠标到其他单元格，完成 E4～E6 单元格中的公式复制。

另外也可以在单元格内输入完整的四则运算式，单击"√"直接完成运算。如图 4-74。

图 4-74 四则运算

4.4.2 使用函数运算

函数是 Excel 中已经定义好的用于数值计算和数据处理的公式。函数由函数名和参数构成，参数是函数要处理的数值，函数通过参数接收数据，并返回结果。

1. 函数的语法

格式：函数名（参数 1，参数 2，…）

功能：函数名指明要执行的运算，参数为函数运算中需要接收的数据，运算结果为返回的函数值。

说明：函数是一种特殊的公式，所有的函数都要以"="开始。

函数区域的表示如下。

（1）不连续单元格：各单元格用"，"隔开，如"=SUM（A2，B3）"，表示求 A2 和 B3 单元格的和。

（2）连续单元格区域：用"："隔开，如"=SUM（A2:D6）"，表示计算的是 A2 到 D6 单元格的和。

（3）混合地址：如"=SUM（A2:D4，C5）"，表示计算的范围是从 A2 到 D4 再加上 C5 单元格的和。

2. Excel 2010 常用的函数

（1）求和函数 SUM

函数格式：SUM（number1，number2，…）。

其中 number1，number2，…是所要求和参数。

功能：计算所有参数数值的和。

例如，"=SUM（D2:D6）"，计算 D2 至 D6 区域中的数值和。

（2）求平均值函数 AVERAGE

函数格式：AVERAGE（number1，number2，…）。

功能：计算所有参数的算术平均值。

例如，"=AVERAGE（B5:D5，F8:H8，9，21）"，计算 B5 至 D5 区域、F8 至 H8 区域中的数值与数值 9、21 的平均值。

（3）求最大值函数 MAX

函数格式：MAX（number1，number2，…）。

功能：返回一组数值中的最大值。

例如，"=MAX（D3:J3，11，13，15，17）"，返回 D3 至 J3 单元格区域和数值 11，13，15，17 中的最大值。

（4）求最小值函数 MIN

函数格式：MIN（number1，number2，…）。

功能：返回一组数值中的最小值。

例如，"=MIN（D3:J3，11，13，15，17）"，返回 D3 至 J3 单元格区域和数值 11，13，15，17 中的最小值。

（5）统计函数 COUNT

函数格式：COUNT（valuel1，valuel 2，…）。

功能：求各参数中数值参数和包含数值的单元格个数。参数的类型不限。

例如，"=COUNT（7，C1:C8，"OK"）"，若 C1 至 C8 中均存储有数值，则函数的结果是 9；若 C1 至 C8 中只有 3 个单元格存储有数值，则结果为 4。

（6）四舍五入函数 ROUND

函数格式：ROUND（number，num_digits）。

功能：对数值项 number 进行四舍五入。若 num_digits >0，保留 num_digits 位小数；若 num_digits=0，保留整数；若 num_digits<0，从个位向左对第|num_digits|位进行舍入。

例如，"=ROUND（65.476，2）"则函数的结果是 65.48。

（7）取整函数 INT

函数格式：INT（number）。

功能：取不大于数值 number 的最大整数。

例如，INT（18.99）=18，INT（-18.99）=-19。

（8）绝对值函数 ABS

函数格式：ABS（number）。

功能：取 number 的绝对值。

例如，ABS（-7）=7，ABS（7）=7。

（9）条件判断函数 IF

函数格式：IF（Logical_test，value_if_true，value_if_false）。

功能：判断一个条件是是否满足，如果满足返回一个值，即 value_if_true。如果不满足则返回另一个值，即 value_if_false。

例如，"=IF（E5>=60，"及格"，"不及格"）"。当 E5 单元格的值大于等于 60 时，函数的结果为"及格"，否则为"不及格"。

（10）求排位函数 RANK

函数格式：RANK（number，ref，[order]）。

功能：返回数字 number 在区域 ref 中相对其他数值的大小排名。Order 为 0 或省略，表示降序；如果不为 0 表示升序。

例如，"=RANK（A1，A1: A10）"，表示计算 A1 单元格中的数值在 A1 到 A10 区域内按降序排第几名。此公式可以用来求名次，但地址区域要用绝对地址即 RANK（A1，$A$1:$A$10），其他单元格 A2，A3，…，A10 可通过填充柄自动填充实现排名。

（11）条件统计函数 COUNTIF

函数格式：COUNTIF（range，criteria）。

功能：统计某个单元格区域中符合指定条件的单元格数目，range 要统计的非空单元格数目的区域，criteria 要统计的条件。

例如，"=COUNTIF（B1:B13，">=80"）"，统计出 B1 至 B13 单元格区域中，数值大于等于 80 的单元格数目。

（12）条件求和函数 SUMIF

函数格式：SUMIF（range，criteria，sumrange）。

功能：计算符合指定条件的单元格区域内的数值的和，range 为条件区域，criteria 是求和条件，sumrange 为实际求和区域。

例如，"=SUMIF（E3:E17，"人力资源部"，G3:G17）"，若 E3 至 E17 单元格区域中，E3、E7、E15 三个单元格的值为"人力资源部"则计算 G3、G7、G15 单元格数据的和。

3.使用函数

【例 4-3】使用函数计算一季度销售统计表的一季度销量和平均月销量，如图 4-75 所示。

图 4-75　一季度销售统计

【操作步骤】

STEP 1 用鼠标单击单元格 E3，选定单元格。并在单元格中输入等号"="。

STEP 2 按下函数右侧的下拉钮，如图 4-76 所示。

图 4-76　选取函数

STEP 3 在下拉列表中单击选择求和函数 SUM，打开"函数参数"输入对话框，如图 4-77 所示。

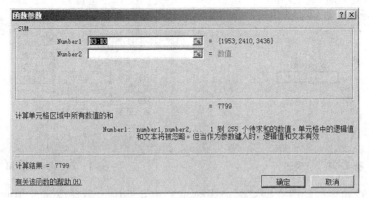

图 4-77 "函数参数"对话框

STEP 4 在 Number1 输入栏中输入求和的范围 B3:D3;也可以单击 Number1 输入栏右边带有红色的"折叠对话框"按钮,用鼠标在工作表中选择求和区域,完成后可再次单击"折叠对话框"按钮返回;还可以直接用鼠标拖动选择求和区域。

STEP 5 单击"确定"按钮,计算出 E3 单元格的一季度销量,拖动填充柄复制公式到其他的单元格中。

STEP 6 平均月销量的计算与求和函数相似,不同的是选择"AVERAGE"函数。

4.4.3 单元格引用

为使单元格的值参与运算,在公式或函数中使用单元格的地址作为参数,称为单元格的引用。单元格的引用可分为相对引用、绝对引用和混合引用。

1. 相对引用

相对引用是指直接引用单元格的地址,例如"A8",其特点是公式或函数在进行复制时,根据源单元格地址与目标单元格地址之间行号与列标的差值,自动将公式或函数中引用的单元格地址中的行号和列标加上相应的差值。例如将单元格 D3 中公式=A3+B2复制到单元格 F6 中,公式中所有单元格地址中的行号加 3,列标顺延 2 个位置,F6 中的公式变为= C6+D5。

2. 绝对引用

绝对引用使用"$"符号来引用单元格的地址,例如"$A$8",其特点是公式或函数在进行复制时,绝对引用单元格将不随公式位置变化而变化。

3. 混合引用

混合引用是指既包含相对引用又包含绝对引用的单元格引用。例如:"A$8"或"$A8"都是混合引用。其特点是公式或函数在进行复制时,设置为绝对引用的行号或列标不变,而没有设置绝对引用的行号或列标(即相对引用)根据移动位置的坐标相对量,自动调节公式中引用单元格的地址。

【例 4-4】计算比例表中各层次学生占总数的比例,如图 4-78 所示。

【操作步骤】

STEP 1 用鼠标单击单元格 C2,选定单元格。

STEP 2 在编辑栏内输入"=B2/(B2+B3+B4+B5)",如图 4-79 所示,按"Enter"键完成输入。

图 4-78　比例表

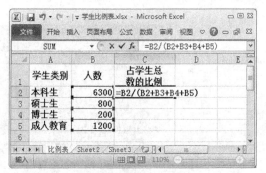

图 4-79　比例表计算

STEP 3 此时如果拖动填充柄复制公式到 C3 单元格中，会发现 C3 单元格中的公式为"=B3/（B3+B4+B5+B6）"，如图 4-80 所示，显然，这个公式计算出来的结果是不正确的。

在这个公式中，进行公式复制时，分母部分是不允许变的，可变的部分只有分子部分，为了避免错误产生，分母部分的单元格名称就应该用绝对引用，在步骤（2）中进行公式输入时，公式应为"=B2/（$B$2+$B$3+$B$4+$B$5）"。因为公式只在同列中复制，列标没变化，所以也

图 4-80　C3 单元格公式

可使用混合引用，公式可以是"=B2/（B$2+B$3+B$4+B$5）"，如图 4-81 所示。

STEP 4 拖动填充柄复制公式到 C3～C6 单元格中，结果如图 4-82 所示。

图 4-81　单元格公式

图 4-82　计算结果

4.5　数据管理

相互关联的数据构成了数据库，Excel 数据库是由行和列组成的数据记录的集合，也称为数据清单。Excel 数据清单由三部分组成的：记录、字段和字段名。Excel 清单的每一列就是一个字段，列标题就是字段名，每一行就是一条记录。利用数据清单可以对数据进行排序、筛选和分类汇总等操作。

4.5.1　数据排序

对数据进行排序是数据分析不可缺少的组成部分。对工作表中的信息排序时，可以对一

列或多列中的数据按文本（升序或降序）、数字（升序或降序）以及日期和时间（升序或降序）进行排序。还可以按自定义序列（如大、中和小）或格式（包括单元格颜色、字体颜色或图标集）进行排序。大多数排序操作都是列排序，但也可以按行进行排序。

1. 简单排序

按单一关键字对数据进行排序：在"数据"选项卡的"排序和筛选"组中，（见图 4-83）单击"升序排序"或"降序排序"按钮。

图 4-83 "排序和筛选"组

其操作步骤如下。

STEP 1 选择要排序的列中的任意单元格。

STEP 2 根据需要，单击"排序和筛选"组中的"升序排序"或"降序排序"按钮，进行排序。

2. 复合数据排序

根据某一列的数据进行排序时，会遇到这列中有相同数据的情况，为了区分它们的次序可以进行复合数据排序。Excel 可以按照多个关键字进行排序：主关键字、次要关键字、第三关键字等。排序的顺序是：主关键字排序完成后，如果有数据相同并列的单元格，再按次关键字将并列的单元格排序，如果第二次排序还有并列的单元格，再按第三关键字排序。以此类推，最多可按 64 列进行排序。

【例 4-5】以学生成绩登记表中的数据为依据，按总分（降序）、Java（降序）、外语（降序）进行排列。

学生成绩登记表

序号	学号	姓名	性别	高等数学	Java	外语	计算机基础	总分
1	14072001	张壮	男	75	86	77	85	323
4	14072004	马悦	男	76	60	80	60	276
5	14072005	李昊	男	69	78	60	75	282
6	14072006	王小小	男	71	85	78	50	284
2	14072002	李红雨	女	90	52	86	80	308
3	14072003	赵燕	女	84	80	52	85	301
7	14072007	杨珊	女	87	80	78	85	330
8	14072008	刘珊珊	女	89	85	85	65	324
9	14072009	李莉莉	女	68	60	80	60	268
10	14072010	王涛	女	91	75	85	77	328

【操作步骤】

STEP 1 用鼠标单击数据表中的任何一个单元格，选择"数据"选项卡的"排序和筛选"组中的"排序"按钮（见图 4-84），打开图 4-85 所示的"排序"对话框。

图 4-84 "排序和筛选"组

STEP 2 在主要关键字下拉菜单中选择主关键字"总分"，排序方式选择"降序"；单击"添加条件"项，次关键字选择"Java"，排序方式选择"降序"；再次"添加条件"项，第三关键字选择"外语"，排序方式选择"降序"。这样数据首先按

"总分"排序，然后在总分相同的情况下按"Java"排序，在总分和 Java 分相同的情况下按"外语"排序，如图 4-86 所示。

图 4-85　"排序"对话框

图 4-86　"排序"对话框

STEP 3 单击"确定"按钮，完成排序操作，结果如图 4-87 所示。

	A	B	C	D	E	F	G	H	I
1				学生成绩登记表					
2	序号	学号	姓名	性别	高等数学	Java	外语	计算机基础	总分
3	7	14072007	杨珊	女	87	80	78	85	330
4	10	14072010	王涛	女	91	75	85	77	328
5	8	14072008	刘珊珊	女	89	85	85	65	324
6	1	14072001	张壮	男	75	86	77	85	323
7	2	14072002	李红雨	女	90	52	86	80	308
8	3	14072003	赵燕	女	84	80	52	85	301
9	6	14072006	王小小	男	71	85	78	50	284
10	5	14072005	李昊	男	69	78	60	75	282
11	4	14072004	马悦	男	76	60	60	60	276
12	9	14072009	李莉莉	女	68	60	80	60	268

图 4-87　"排序"结果

4.5.2　自动筛选数据

所谓数据筛选是指根据给定的条件，从数据表中查找满足条件的记录并显示出来。方便用户对数据的浏览阅读。自动筛选给用户提供了快速访问大量数据清单的管理功能。

1. 自动筛选

（1）单击数据表的任意一个单元格。

（2）选择"数据"选项卡上"排序和筛选"组中的"筛选"按钮，如图 4-88 所示，为对学生成绩登记表进行的自动筛选。

图 4-88 自动筛选数据

（3）从需要筛选的列标题的下拉列表中，选择需要的项目。

如果要取消对某一列的筛选，单击该列的自动筛选箭头，在下拉列表框中选择"全部"命令即可。如果要取消自动筛选，单击"排序和筛选"组中的"筛选"按钮即可。

2. 自动筛选前 10 个

在自动筛选下拉列表框中选择"数字筛选"命令，在级联菜单中选择"10 个最大的值"命令，打开"自动筛选前 10 个"对话框，如图 4-89 所示。可以在对话框的选项中进行选择。

3. 自定义自动筛选

自定义自动筛选是按照用户自己定义的筛选条件，筛选出符合条件的记录。

【例 4-6】以学生成绩登记表中的数据为依据，自动筛选出总分在 280 至 320 之间的记录。

【操作步骤】

STEP 1 在"总分"的下拉列表框中选择"数字筛选"命令，在级联菜单中选择"自定义筛选"命令，打开"自定义自动筛选方式"对话框，如图 4-90 所示。

图 4-89 "自动筛选前 10 个"对话框

图 4-90 "自定义自动筛选方式"对话框

STEP 2 设置筛选条件，"大于或等于 280"与"小于或等于 320"。

STEP 3 单击"确定"按钮，完成筛选，筛选结果如图 4-91 所示。

4. 高级筛选

当筛选条件比较复杂时，或需要将筛选结果存储到其他位置时，适合应用"高级筛选"。

选择"数据"选项卡上"排序和筛选"组中，单击"高级"按钮，打开高级筛选对话框，按照提示即可完成。

图 4-91　自定义筛选结果

4.5.3　分类汇总

分类汇总是指对数据列表按某一字段进行分类，并分别为各类数据进行统计汇总，如求和、计数、最大值等。数据汇总的前提是数据清单按要分类的字段进行排序。

通过使用"分类汇总"命令可以自动计算列表中的分类汇总和总计。

1. 建立分类汇总

【例 4-7】以学生成绩登记表中的数据为依据，按性别求学生计算机基础和 Java 的平均分。

【操作步骤】

STEP 1　将数据按要分类的字段"性别"进行排序。

STEP 2　单击"数据"选项卡上"分级显示"组中"分类汇总"按钮，打开"分类汇总"对话框，如图 4-92 所示。在此对话框中，分类字段中选择需要分类的字段，该字段应与排序字段相同；汇总方式用于选择计算分类汇总的函数；在选定汇总项中选择需要汇总的数值列。

STEP 3　在"分类字段"中选择"性别"，"汇总方式"选择"平均值"，"选定汇总项"选择"计算机基础"和"Java"。

STEP 4　单击"确定"按钮完成，结果如图 4-93 所示。

图 4-92　"分类汇总"对话框

图 4-93　分类汇总结果

2. 汇总显示

汇总结果可以分级显示。在图 4-93 所示的分类汇总结果表中，左侧上方有"1""2""3"三个按钮，可以实现多级显示；单击"1"按钮，仅显示列表中的列标题和总计结果；单击"2"按钮，显示各个分类汇总结果和总计结果；单击"3"按钮，显示所有的详细数据。

3. 删除分类汇总

如果要删除汇总，在"分类汇总"对话框中单击"全部删除"按钮后，单击"确定"按钮，就可以完成删除分类汇总的操作了。

4.5.4 数据的合并运算

若要汇总和报告多个单独工作表中数据的结果，可以将每个单独工作表中的数据合并到一个工作表（或主工作表）中。所合并的工作表可以与主工作表位于同一工作簿中，也可以位于其他工作簿中。如果在一个工作表中对数据进行合并计算，则可以更加轻松地对数据进行定期或不定期的更新和汇总。

合并运算是指用来汇总一个或多个源区域中的数据的方法。在进行合并计算前，首先必须为汇总信息定义一个目的区来显示合并计算的结果。另外，需要选择要合并计算的数据来源，此数据可以来自一个或多个工作簿中。Excel 2010 提供了两种合并计算数据的方法：按位置合并计算、按分类合并计算。

1. 按位置合并计算数据

按位置合并计算数据，是指所有源区域中的数据以相同的方式排列以进行合并计算。这只适合具有相同结构数据区域的计算，适用于处理日常相同表格的合并工作。

2. 按分类合并计算数据

分类合并计算数据，是指当多重来源区域包含相似的数据，且使用相同的行和列标签时，可按分类进行数据的合并计算。也就是说，当选定的表格具有不同的内容时，可以根据这些表格的分类来分别进行合并计算，如图 4-94 所示。

图 4-94　合并计算

4.5.5 数据透视表

数据透视表是一个能够快速合并和比较大量数据的交互式表格。如果要分析相关的总计值，尤其是要对一长串的数字进行求和并对每个数字进行多重比较时，就可以使用数据透视表，用户可以旋转它的行与列来显示不同来源数据的大纲，并且显示感兴趣部分的明细数据。

数据透视表的元素有分页字段、数据项、行字段、项目、列字段等。

数据透视表的数据类型可以是 Excel 数据列表或数据库、汇总及合并不同的 Excel 数据、外部数据（例如数据库文件、文本文件或互联网来源数据）、其他数据透视表等。

1. 数据透视表的建立

只要利用数据透视表和数据透视表向导，操作者可以选择工作表或外部数据库当作来源数据，产生可用字段列表和工作表区域后，选择想要的字段到工作表区域，就会自动产生字段的摘要和计算数值了。

（1）单击需要建立数据透视表的数据清单中任意一个单元格。

（2）在"插入"选项卡上"表格"选项组中单击"数据透视表"按钮，在"数据透视表"下拉菜单中选择"数据透视表"命令，打开"创建数据透视表"对话框，如图 4-95 所示。

（3）在"请选择要分析的数据"栏中，选中"选择一个表或区域"单选项，在"表/区域"文本框中输入或使用鼠标选取引用位置，如"Sheet1！$A$2:$I$12"。

（4）在"选择放置数据透视表的位置"栏中选中"现有工作表"单选项，在"位置"文本框中输入数据透视表的存储位置，如"Sheet1！$H$14"，如图 4-96 所示。

图 4-95 "创建数据透视表"对话框

图 4-96 开始创建数据透视表

（5）单击"确定"按钮，一个空的数据透视表将添加到指定的位置，并显示数据透视表字段列表，以便用户可以添加字段、创建布局和自定义数据透视表，如图 4-97 所示。

图 4-97 数据透视表创建初始

默认建立的数据透视表只是一个框架，要得到相应的分析数据，则需要根据实际需要合理地设置字段，同时也需要进行相关的设置操作。

（6）分别拖动字段名称到数据透视表的"报表筛选""行标签""列标签"和"数据项"位置。

在对话框的上部有相应的复选框，分别是数据列表中的字段。每一个复选框都可拖动到"数据透视表字段列表"对话框中下部的"报表筛选""行标签""列标签"和"数值"相应区域内，作为数据透视表的行、列、数据。

- "报表筛选"是数据透视表中指定报表的筛选字段，它允许用户筛选整个数据透视表，以显示单项或者所有项的数据。
- "行标签"用来放置行字段。行字段是数据透视表中为指定行方向的数据清单的字段。
- "列标签"用来放置列字段。列字段是数据透视表中为指定列方向的数据清单的字段。
- "数值"用来放置进行汇总的字段。

若要删除已拖至表内的字段，只需要将字段拖到表外即可，或取消对相应的复选框的选中。或单击字段名右侧的下拉按钮，选择"删除字段"命令。数值区默认的是求和项。如果采用新的计算方式，可以单击"数值"文本框中要改变的字段，在弹出的快捷菜单中选择"值字段设置"命令，打开"值字段设置"对话框，进行相应的操作。

2. 分页显示数据透视表

如果操作者想要一次只显示部分的数据量，就可以利用分页字段选择想要的数据显示在数据透视表中，或选择数据透视表按钮的"分页显示"，将分页字段上的选项分成多个工作表供显示。

4.6 图表的制作

将表格中的数据以各种统计图表的形式显示出来，能使得数据更加直观，易于理解和分析。Excel内置有丰富的图表类型，不同类型的图表可以用于不同特征的数据。用户也可自定义图表。Excel中的图表有两种；一种是嵌入式图表，它和创建图表的数据源放置在同一张工作表中；另一种是独立图表，它是一张独立的图表工作表。

对于大多数图表（如柱形图和条形图），可以将行或列中排列的数据绘制到图表中。不过，某些图表类型（如饼图和气泡图）则需要特定的数据排列方式。

4.6.1 图表的建立

创建图表的一般步骤是：先选定创建图表的数据区域。选定的数据区域可以连续，也可以不连续。注意，如果选定的区域不连续，每个区域所在行（列）有相同的矩形区域；如果选定的区域有文字，文字应在区域的最左列或最上行，以说明图表中数据的含义。建立图表的具体操作如下。

1. 创建基本图表

（1）选定要创建图表的数据区域。

（2）在"插入"选项卡上的"图表"组中，执行下列操作之一：一是单击图表类型，然后单击要使用的图表子类型。二是单击"图表"旁边的"对话框启动器"，打开"插入图表"对话框，在对话框中选择要创建的图表类型，如图4-98所示。

（3）在默认情况下，图表作为嵌入图表（即置于工作表中而不是单独的图表工作表。当要在一个工作表中查看或打印图表或数据透视图及其源数据或其他信息时，内嵌图表非常有用）存储在工作表上。如果要将图表存储在单独的图表工作表中，则需要通过下列操作来更改其位置。

图 4-98　"插入图表"对话框

单击嵌入图表中的任意位置以将其激活。此时将显示"图表工具"，其上增加了"设计""布局"和"格式"选项卡。在"设计"选项卡上"位置"组中，单击"移动图表"按钮。

2. 更改图表的布局或样式

创建图表后，可以立即更改它的外观。可以快速向图表应用预定义布局和样式，而无须手动添加或更改图表元素或设置图表格式。Excel 提供了多种有用的预定义布局和样式（或快速布局和快速样式）供选择；但可以手动更改各个图表元素的布局和格式，从而根据需要自定义布局或样式。

（1）应用预定义图表布局

单击要使用预定义图表样式来设置其格式的图表中的任意位置。此时将显示"图表工具"，其上增加了"设计""布局"和"格式"选项卡。在"设计"选项卡上的"图表样式"组中，单击要使用的图表样式。

（2）添加或删除标题或数据标签

单击要为其添加标题的图表中的任意位置。在"布局"选项卡上的"标签"组中，单击"图表标题"按钮。在下拉列表中选择"居中覆盖标题"命令或"图表上方"命令。在图表中显示的"图表标题"文本框中键入所需要的文本。删除标题则是在"图表标题"菜单中单击"无"命令。

（3）添加坐标轴标题

添加坐标轴标题与添加图表标题相似，不再赘述。

【例 4-8】以部分轻型客车一季度销量表中的数据为依据，建立以"企业名称"为 X 轴，以"一月"和"三月"为 Y 轴的柱形图表，再将"二月"数据加入图中。

【操作步骤】

STEP 1　选定数据区域，如图 4-99 所示。本例中选择的是不连续的数据区域，可以借助"Ctrl"键完成。

STEP 2　单击"插入"选项卡上"图表"组中"柱形图"按钮，在下拉菜单中选择"二维柱形图"中的"簇状柱形图"。显示出建立的图表，如图 4-100 所示。

STEP 3　单击"图表工具"上"布局"卡上的"图表标题"按钮，弹出图 4-101 所示的"图表标题"框。将"图表标题"定为"第一季销量图"。

图 4-99 图表数据区域的选定

图 4-100 建立的图表

图 4-101 "图表标题"框

STEP 4 单击"图表工具"上"布局"卡上的"坐标轴标题"按钮，设置主要横坐标标题为"企业名称"按钮，如图 4-102 所示，同样方式设置纵坐标标题为"月份销量"。

图 4-102 "主要横坐标标题"框

STEP 5 单击"图表工具"上"设计"卡上的"数据"组中"选择数据"按钮，打开图 4-103 所示的"选择数据源"对话框，在数据表中重新选择数据区 A2:D6。

图 4-103 "选择数据源"对话框

STEP 6 单击"确定"按钮，显示出建立的图表，如图 4-104 所示。

图 4-104　图表结果示例

4.6.2　图表的编辑

图表建立以后，如果对图表不满意，可以重新对图表进行编辑。

1.图表的移动、缩放和删除

用鼠标单击图表，说明图表处于选中状态，如图 4-105 所示。用鼠标拖动可移动图表，把鼠标放到图表边界上，当鼠标变成双向箭头时，可拖动改变图表的大小和比例。如果想删除图表，按"Delete"键即可。

图 4-105　图表的移动选定

2. 图表中数据系列的添加、删除和修改

单击"图表工具"上"设计"卡上的"数据"组中"选择数据"按钮。

（1）添加数据系列：在"选择数据源"对话框的"图例项"中单击"添加"按钮。

（2）删除数据系列：在"选择数据源"对话框的"图例项"中选定要删除的数据项，单击"删除"按钮。

（3）修改数据：在工作表中修改单元格的数值，图表中相应的值会自动修改。

3. 其他格式的修改

单击"图表工具"上的"格式"选项卡，可进行相应的修改。

如果要对图表中的其他格式进行修改，可在要修改的内容上单击鼠标右键，都会打开对应的格式设置对话框，进行相应的设置。

4.7 预览与打印

Excel 可以打印出工作表、图表以及整个工作簿。在打印之前，需要先进行页面设置，观察打印预览效果，经过调整后再打印输出。

4.7.1 页面设置

打印之前要先进行页面设置。页面设置主要包括对纸张大小、方向、打印内容、页眉页脚等操作，页面设置的操作方法如下。

STEP 1 选择要进行页面设置的工作表或图表。如选择"学生成绩登记表"。

STEP 2 在"页面布局"选项卡上的"页面设置"组中，如图 4-106 所示，进行设置。

图 4-106 "页面设置"组

单击"页面设置"组中右下角的"对话框启动器"，打开图 4-107 所示"页面设置"对话框。

图 4-107 "页面设置"对话框

在"页面设置"对话框中，有 4 个标签：页面、页边距、页眉/页脚和工作表。

1. 设置页面

选择"页面"标签，如图 4-107 所示。在"页面"标签中，可以设置打印方向，默认是

纵向。还可以设置缩放比例、纸张大小等。

2.设置页边距

选择"页边距"标签，如图 4-108 所示。在"页边距"标签中，可以设置工作表或图表的页边距和居中方式。

图 4-108 "页面设置"对话框中"页边距"标签

3.设置页眉/页脚

选择"页眉/页脚"标签，如图 4-109 所示。其中有页眉、页脚下拉列表，列表里是预先定义好的页眉或页脚，可以进行选择，也可以自定义页眉或页脚。

图 4-109 "页面设置"对话框中"页眉/页脚"标签

4.设置工作表

选择"工作表"标签，如图 4-110 所示。可以进行打印区域、打印标题等设置。
页边距和纸张方向、大小等设置也可以在"页面设置"组中单击相应按钮完成。

图 4-110 "页面设置"对话框中"工作表"标签

4.7.2 打印预览与打印

打印工作表之前，最好先进行预览以确保工作表符合所需要的外观。在 Microsoft Excel 中预览工作表时，工作表会在 Microsoft Office Backstage 视图中打开。在此视图中，可以在打印之前更改页面设置和布局。

1. 打印预览

（1）单击"文件"选项卡，在导航栏中选择"打印"命令，打开"打印"窗口，如图 4-111 所示。

图 4-111 "打印"对话框

（2）要预览打印内容，可在"打印预览"窗口的底部单击"下一页"和"上一页"按钮。要查看页边距，可在"打印预览"窗口底部单击"显示边距"按钮。要更改边距，可将边距拖至所需要的高度和宽度。还可以通过拖动打印预览页顶部或底部的控点来更改列宽。要更改页面设置（包括更改页面方向和页面尺寸），可在"设置"下选择合适的选项。

（3）退出打印预览并返回工作簿，可单击预览窗口顶部的任何其他选项卡。

2.打印

（1）单击"文件"选项卡，在导航栏中选择"打印"命令，弹出"打印"对话框，如图 4-111 所示。

（2）设置或更改打印机，可单击"打印机"下的下拉框，选择所需要的打印机，如图 4-112 所示。

（3）更改页面设置（包括更改页面方向、纸张大小和页边距），在"设置"下选择所需要的选项，如图 4-113 所示。

图 4-112 "设置或更改打印机"菜单

图 4-113 "更改页面设置"图

要缩放整个工作表以适合单个打印页的大小，请在"设置"下，单击缩放选项下拉框中所需要的选项。

（4）打印所有或部分工作表

要打印工作表的某个部分，请单击该工作表，然后选择要打印的数据区域。若要打印整个工作表，请单击该工作表将其激活。设置打印份数，最后单击"打印"按钮，如图 4-114 所示，完成打印操作。

图 4-114 设置打印份数

4.8 网络应用

Excel 网络应用可以通过建立超链接、发表网页等功能实现数据共享，协同办公的需要。

4.8.1 超链接

1.创建超链接

操作步骤如下。

STEP 1 在工作表上，单击要创建超链接的单元格，也可以选择要超链接的图片或图表元素。

STEP 2 单击"插入"选项卡"链接"组中的"超链接"按钮，或右击单元格，在弹出的快捷菜单中选择"超链接"命令，打开"插入超链接"对话框。

STEP 3 设置链接目标的位置和名称。

STEP 4 单击"确定"按钮。

2.编辑超链接

在已创建超链接的对象上，单击"插入"选项卡"链接"组中的"超链接"按钮，或右击已创建超链接的对象，在弹出的快捷菜单中选择"编辑超链接"命令，即可在打开的对话框中，按照创建超链接的方法对已创建的超链接进行重新编辑。

3.删除超链接

右击已创建超链接的对象，在弹出的快捷菜单中选择"删除超链接"命令，即可以将已创建的超链接删除。要删除超链接以及表示超链接的文字，右击包含超链接的单元格，然后单击"清除内容"。要删除超链接以及表示超链接的图形，请在按住"Ctrl"的同时单击图形，然后按"Delete"键。

4.8.2 电子邮件发送工作簿

使用电子邮件发送工作簿的操作步骤如下。

STEP 1 单击"文件"按钮，在导航栏中选择"保存并发送"命令，在右侧窗格中选择"使用电子邮件发送"选项，然后单击"作为附件发送"按钮。

STEP 2 弹出 Outlook 客户端，填写邮件信息项，单击"发送"按钮即可。

4.8.3 网页形式发布数据

操作步骤如下。

STEP 1 单击"文件"按钮，在导航栏中选择"另存为"命令，打开"另存为"对话框。

STEP 2 在对话框中"保存类型"下拉列表中选择"单个文件网页"，在"文件名"框中输入文件名称。

① 若单击"更改标题"按钮，打开"输入文字"对话框，在"页标题"文本框中输入标题，单击"确定"按钮。

② 若单击"保存"按钮，以网页格式保存该文件，并关闭该对话框。

③ 若单击"发布"按钮，打开"发布为网页"对话框。单击"更改"按钮，打开"设置

标题"对话框，在"标题"文本框中输入标题，单击"确定"按钮。单击"浏览"按钮，打开"发布形式"对话框，设置文件保存的位置和名称，单击"确定"按钮。

STEP 3 最后单击"发布"按钮，发布完成后将在 IE 浏览器预览到效果。

本章小结

　　本章详细地介绍了 Excel 2010 的基本操作，通过本章的学习，学生能熟练地进行工作簿的建立、打开、保存等操作。掌握工作表中数据输入和编辑以及用公式和函数进行计算的方法。会插入、删除、移动和复制工作表并会对工作表重命名。会用各种方法来显示工作表。同时学会了设置单元格格式的方法，可以对工作表进行编辑和美化。并能对工作表中的数据进行排序、分类汇总等数据管理操作，完成数据图表化的操作。

第 5 章
PowerPoint 2010 演示
文稿制作软件

PowerPoint 2010 是 Office 2010 的重要组件之一,它是一种功能强大的演示文稿创作工具。通过它,用户可以轻松地制作出各种独具特色的演示文稿。PowerPoint 2010 制成的演示文稿可以通过不同的方式播放:既可以打印成幻灯片,使用投影仪播放;也可以在文稿中加入各种引人入胜的视听效果,直接在计算机或通过互联网播放。

本章主要介绍 PowerPoint 2010 的基本操作,通过学习,要求掌握幻灯片的外观设计、动画制作、模板设计和放映设置等演示文稿制作的操作。

5.1 PowerPoint 2010 基础知识

PowerPoint 自从诞生之日起就成为用户表达其思想的有力工具,用户无论向观众介绍一个计划,介绍一种新产品,还是做报告或是培训员工,只要事先使用 PowerPoint 2010 做一个演示文稿,就会使阐述过程简明而又清晰,轻松而又丰富详实,从而更有效地与他人沟通。在 PowerPoint 2010 中,用户可以更轻松、高效的方式制作出图文并茂、声形兼备、变化效果更为丰富多彩的多媒体演示文稿。

5.1.1 PowerPoint 2010 的启动与退出

1. PowerPoint 2010 的启动

启动 PowerPoint 2010 的常用方法如下。

(1)从开始菜单启动

在"开始"菜单中选择"所有程序"命令,在弹出的菜单中单击"Microsoft Office"图标,并在级联菜单中选择"Microsoft PowerPoint 2010"命令。

(2)从桌面快捷方式启动

① 在桌面上创建 PowerPoint 的快捷方式。

② 双击快捷方式图标。

(3)通过文档打开

双击已有的演示文稿文档,启动 PowerPoint 2010 的同时,也将演示文稿打开。

2. 退出 PowerPoint 2010

退出的常用方法如下。

(1)单击 PowerPoint 2010 窗口标题栏右侧的"关闭"按钮。

(2)双击 PowerPoint 2010 窗口标题栏左侧的"控制"图标。

（3）选择"文件"选项卡，在后台视图的导航栏中单击"退出"按钮。

（4）按"Alt+F4"组合键。

（5）单击标题栏左上角的 PowerPoint 2010 控制图标，然后选择"关闭"命令。

5.1.2 演示文稿的组成与设计原则

演示文稿由若干张幻灯片组成，每张幻灯片一般包括两部分内容：幻灯片标题（用来表明主题）、文本（用来论述主题）；另外还可以包括图形、表格、图表等其他对于论述主题有帮助的内容。如果是由多张幻灯片组成的演示文稿，通常在第一张幻灯片上单独显示演示文稿的主标题，在其余幻灯片上分别列出与主标题有关的子标题和文本条目。

在利用 PowerPoint 2010 建立的演示文稿中，为了方便演讲者，还为每张幻灯片配备了备注栏，在备注栏中可以添加备注信息，在演示文稿播放过程中对演讲者起提示作用，在播放演示文稿时备注栏中的内容观众是看不到的。PowerPoint 2010 还可以将演示文稿中每张幻灯片中的主要文字说明自动组成演示文稿的大纲，以方便演讲者查看和修改演示文稿大纲。

幻灯片是一个载体，不可以直接编辑文字，而是使用文本框与图片、表格、图表等一样是嵌入到幻灯片上的，它们之间是叠加关系。

制作演示文稿的最终目的是给观众演示，能否给观众留下深刻印象是评定演示文稿效果的主要标准。为此，进行演示文稿设计一般应遵循重点突出、简捷明了和形象直观的原则。

在演示文稿中尽量减少文字的使用，因为大量的文字说明往往使观众感到乏味，尽可能地使用其他能吸引人的表达方式，例如使用图形、图表等方式。如果可能的话，还可以加入声音、动画、影片剪辑等，来加强演示文稿的表达效果。

5.1.3 PowerPoint 2010 的窗口界面

启动 PowerPoint 2010 以后，系统会自动新建一个空白演示文稿，如图 5-1 所示，这便是 PowerPoint 2010 的基本操作界面。

图 5-1 PowerPoint 2010 窗口

PowerPoint 2010 窗口界面主要包括标题栏、快速访问工具栏、功能区、幻灯片编辑区、状态栏、备注窗格等部分。

1. 标题栏

标题栏用于显示 Microsoft PowerPoint 2010 标题和文件名。

2. 快速访问工具栏

显示在标题栏最左侧，包含一组独立于当前所显示选项卡的选项，是一个可以自定义的工具栏，可以在快读访问工具栏添加一些最常用的按钮。

3. 功能区

功能区中显示每个选项卡中包括的选项组，这些选项组中包含具体的命令按钮。

4. 幻灯片编辑区

设计与编辑 PowerPoint 文字、图片、图形等的区域。

5. 备注窗格

用于添加与幻灯片内容相关的注释，供演讲者演示文稿时参考。

6. 状态栏

显示当前状态信息，如页数和所使用的设计模板等。

7. 视图按钮

可切换不同的视图效果对幻灯片进行查看。

8. 显示比例滑块

用于显示文稿编辑区的显示比例，拖动显示比例滑块即可放大或缩小演示文稿显示比例。

PowerPoint 2010 的窗口很多元素、命令的位置和名称与 Word、Excel 相似，这里不再赘述。

5.2 创建演示文稿

在 PowerPoint 2010 中，"演示文稿"和"幻灯片"是两个不同的概念。PowerPoint 2010 制作的文档叫作演示文稿，它是一个文件，扩展名为.pptx，它由若干张幻灯片组成。而演示文稿中的每一页叫作幻灯片，每张幻灯片都是演示文稿中既相互独立又相互联系的内容。

5.2.1 演示文稿的创建方法

1. 创建一个简单的演示文稿

演示文稿的制作，一般要经历下面几个步骤。

（1）准备素材：主要是准备演示文稿中所需要的一些图片、声音、动画等文件。

（2）确定方案：对演示文稿的整个构架作一个设计。

（3）初步制作：将文本、图片等对象输入或插入到相应的幻灯片中。

（4）装饰处理：设置幻灯片中的相关对象的要素（包括字体、大小、动画等），对幻灯片进行装饰处理。

（5）预演播放：设置播放过程中的一些要素，然后播放查看效果，满意后正式输出播放。

在详细介绍演示文稿的制作方法之前，先建立一个简单的演示文稿，这样可以对演示文稿有个整体的印象。

（1）启动 PowerPoint 2010 进入 Microsoft PowerPoint 2010 窗口后，会自动新建一个空演示文稿。

（2）选择"设计"选项卡中"主题"组中的任意"主题"命令，在"单击此处添加标题"处单击，输入相关的文字；在"单击此处添加副标题"处单击，输入文字，如图 5-2 所示。

（3）选择"开始"选项卡中的"新幻灯片"命令，随即出现一张新的幻灯片，在"单击此处添加标题"处单击，输入文本内容；在"单击此处添加文本"处单击，输入文本内容按此方法再插入4张新的幻灯片，并对应添加相关内容。

（4）至此，建立了一个共有6张幻灯片的演示文稿，最后可以按下"F5"键，放映制作好的演示文稿。

图5-2 幻灯片编辑

2.建立空演示文稿

建立演示文稿有多种方法，在这里，介绍几种常用方法。

在启动 PowerPoint 2010 进入 Microsoft PowerPoint 2010 窗口后，系统就会自动新建一个空演示文稿，空演示文稿的含义是幻灯片的背景是空白的，没有任何图案和颜色。

单击"文件"选项卡，在后台视图导航栏单击"新建"按钮，在屏幕右侧会打开"新建演示文稿"任务窗格，如图5-3所示。

图5-3 新建空白演示文稿

3.根据现有模板新建演示文稿

根据 PowerPoint 2010 内置模板新建演示文稿，新演示文稿的内容与选择的模板内容完全相同。

单击"文件"选项卡，在后台视图导航栏单击"新建"按钮，在右侧选中"样本模板"，如图5-4所示。

图5-4 选择样本模板

在"样本模板"列表中选择适合的模板，如"城市画册"，如图5-5所示。

图 5-5　选择"城市相册"模板

4. 根据现有演示文稿新建演示文稿

单击"文件"选项卡，在后台视图导航栏单击"新建"按钮，在"可用的模板和主题"区域选择"根据现有内容新建"，如图 5-6 所示。

图 5-6　选择"根据现有内容新建"

打开"根据现有演示文稿新建"对话框，找到需要使用的演示文稿保存路径并选中，如图 5-7 所示。

图 5-7　找到现有内容

单击"新建"按钮，即可根据现有演示文稿创建新演示文稿。

5. 保存演示文稿

单击"文件"选项卡，在后台视图导航栏单击"另存为"按钮，打开"另存为"对话框，设置文件的保存位置，在"文件名"文本框中输入要保存文稿的名称，如图5-8所示。单击"保存"按钮，即可保存演示文稿。

图5-8 设置保存文件名和位置

6. 打开演示文稿

（1）使用"打开"命令打开演示文稿

单击"文件"选项卡，在后台视图导航栏单击"打开"按钮，如图5-9所示。在"打开"对话框中，找到需要打开的文件所在路径并选中，如图5-10所示。单击"打开"按钮，即可打开该演示文稿。

（2）打开最近使用过的演示文稿

① 单击"文件"选项卡，在后台视图导航栏单击"最近使用文件"按钮。

② 在"最近使用的演示文稿"列表中选中需要打开的演示文稿，如图5-11所示，双击即可打开演示文稿。

图5-9 选择"打开"标签

图 5-10　选择需要打开的文档

图 5-11　从最近列表中打开文档

【例 5-1】求职简历，效果如图 5-12 所示。

图 5-12　最终效果

【操作步骤】

STEP 1　创建演示文稿启动

PowerPoint 2010，创建一个空白演示文稿。

STEP 2　输入数据

① 在主标题内输入"求职者：小张"。

② 在副标题内输入"求职简历"。

STEP 3 新建幻灯片

① 在"开始"选项卡"幻灯片"组中单击"新建幻灯片"下拉按钮，如图 5-13 所示。

图 5-13 Office 主题

图 5-14 第 2 张内容

② 选择两栏内容，输入图 5-14 所示内容。

③ 依照上述方法，依次建立第 3、4 张幻灯片，并填入相应内容。

STEP 4 选择相应主题

① 设置第 1 张幻灯片主题

在"设计"选项卡"主题"组中单击"其他"下拉按钮，如图 5-15 所示，选择合适主题。本例选择的是第 3 个。

图 5-15 幻灯片主题

注意
　　　　右击第 3 个主题，如图 5-16 所示。根据实际工作需要选择相应命令，本例选择"应用于选定幻灯片"命令。如不选，则系统默认"应用于所有幻灯片"命令。

② 依照上述方法，依次给第 2、3、4 张幻灯片设置相应主题。

STEP 5 保存演示文稿

单击"文件"选项卡，在后台视图导航栏单击"另存为"按钮，打开"另存为"对话框，设置文件的保存位置，在"文件名"文本框中输入要保存文稿的名称，单击"保存"按钮，即可保存演示文稿。

图 5-16 幻灯片主题应用相应项

5.2.2 幻灯片的视图

视图是指在 PowerPoint 2010 窗口中查看幻灯片的方式。为了便于设计者从不同的方式观看自己设计的幻灯片，PowerPoint 2010 提供了多种视图显示模式，可以帮助我们创建演示文稿，包括普通视图、幻灯片浏览视图、幻灯片放映视图和阅读视图，每种视图各有所长，不同的视图方式适用于不同需要的场合。

1. 普通视图

在进入 PowerPoint 2010 窗口时默认的视图就是普通视图，窗口分为 3 个区域：大纲/幻灯片浏览窗格、幻灯片窗格和备注窗格，如图 5-17 所示。

图 5-17　普通视图

（1）大纲/幻灯片浏览窗格："大纲"标签下可以查看演示文稿的标题和主要文字，为制作者组织内容和编写大纲提供了简明的环境，"幻灯片"标签下，会看到幻灯片缩略图。

（2）幻灯片窗格：可以查看每张幻灯片的整体布局效果，包括版式、设计模板等；还可以对幻灯片内容进行编辑，包括修饰文本格式，插入图形、声音、影片等多媒体对象，创建超链接以及自定义动画效果。

（3）备注窗格：可以添加或查看当前幻灯片的演示备注信息。备注信息只出现在这个窗格，在文稿演示的时候不出现。

2. 幻灯片浏览视图

选择"视图"选项卡中"演示文稿视图"选项组中的"幻灯片浏览"按钮，进入幻灯片浏览视图。幻灯片浏览视图是以缩略图形式显示幻灯片的视图。结束创建或编辑演示文稿后，幻灯片浏览视图显示演示文稿的整个图片，使重新排列、添加或删除幻灯片以及预览切换都变得很容易。还可以使用"幻灯片浏览"工具栏中的按钮来设置幻灯片的放映时间，选择幻灯片的动画切换方式。幻灯片浏览视图如图 5-12 所示。

3. 备注页视图

默认备注页包含幻灯片缩略图（位于页面上半部）和相同大小的备注部分（位于页面下半部）。在备注页视图中，可以输入演讲者的备注。其中，幻灯片缩图下方带有备注页方框，可以通过单击该方框来输入备注文字。当然，用户也可以在普通视图中输入备注文字。备注页视图如图 5-18 所示。

图 5-18　备注页视图

4. 阅读视图

选择"视图"选项卡"演示文稿视图"组中的"阅读视图"按钮，进入放映视图。

5.3　对象的插入

在幻灯片中除了文本对象外，可插入的对象很多，包括图片、表格、图表、剪贴画、组织结构图、媒体剪辑、自选图形和其他对象等。

5.3.1　剪贴画与图片的插入

插入剪贴画或图片的方法如下。

（1）在"插入"选项卡"图像"组中单击"剪贴画"按钮或"图片"按钮，选择相应的剪贴画或者图片，即将剪贴画或者图片插入到幻灯片中。

（2）在"开始"选项卡"幻灯片"组中单击"版式"按钮，选择带剪贴画或图片版式的幻灯片，如图 5-13 所示。

【例 5-2】过年啦！效果如图 5-19 所示。

图 5-19　最终效果

【操作步骤】

STEP 1 创建演示文稿

启动 PowerPoint 2010，创建一个空白演示文稿。

STEP 2 确定版式

在"开始"选项卡"幻灯片"组中单击"版式"按钮。

STEP 3 插入图片

在"插入"选项卡"图像"组中单击"图片"按钮，选择相应的图片，即将图片插入到幻灯片中，如图 5-20、图 5-21 所示。

图 5-20　选择图片

图 5-21　插入图片

STEP 4 美化图片

① 在"格式"选项卡"调整"组中单击"艺术效果"按钮，选择相应的效果，如图 5-22 所示。

图 5-22　选择效果

② 在"格式"选项卡"调整"组中单击"颜色"下拉按钮，选择相应的效果，如图 5-23 所示。

图 5-23　选择颜色效果

STEP 5 插入文字

① 在合适的位置插入 3 个文本框，并添加文字。

② 设置相应的字体、字形、字号、颜色和背景，如图 5-24 所示。

图 5-24　选择文字效果

STEP 6 保存

保存已经完成的演示文稿。

5.3.2　插入图形

PowerPoint 2010 提供了自选图形绘图工具，利用绘图工具可以绘图，还可调整绘图对象的位置、大小、旋转角度、着色等属性，下面以实例来说明。

（1）在"插入"选项卡"插图"组中单击"形状"下拉按钮，在"星与旗帜"下拉列表中选择"横卷形"图形，如图 5-25 所示。鼠标变成"+"形，在幻灯片中适当位置绘制图形。

（2）在图形上右击，在弹出的快捷菜单中选择"添加文本"命令，在光标处输入文本"大家好"，然后在图形上单击鼠标右键，在弹出快捷菜单中选择"叠放次序"级联菜单中的"置于底层"命令，并调整好图形的大小及与文字之间的位置，如图 5-26 所示。

图 5-25　"自选图形"的选择

图 5-26 自选图形插入幻灯片并修饰后的效果图

5.3.3 插入艺术字

艺术字经常被使用在幻灯片的标题中，具体步骤如下。

STEP 1 在"插入"选项卡"文本"组中单击"艺术字"下拉按钮，在其下拉列表中选择合适的艺术字样式，如图 5-27 所示。

图 5-27 选择艺术字样式

STEP 2 此时会在演示文稿中添加一个艺术字文本框，直接在文本框中输入文字即可，效果如图 5-28 所示。

图 5-28 插入艺术字

5.3.4 SmartArt 的插入

SmartArt 可以用来显示各种组织或机关的层次结构，还可以用来描述其他项目的流程。插入 SmartArt 的方法如下。

STEP 1 在"插入"选项卡"插图"组中单击"SmartArt"按钮，在其下拉列表中选择合适的 SmartArt 样式，如图 5-29 所示。

图 5-29　选择 SmartArt 样式

STEP 2 选择"层次结构"，如图 5-30 所示，从中选择组织结构图。

图 5-30　选择组织结构图

STEP 3 在各个方框内输入文本内容，还可以通过组织结构图工具栏中的按钮选型，调整结构图的形状，如图 5-31 所示。

图 5-31　调整"组织结构图"

5.3.5 表格的插入

插入表格的方法如下。

（1）在"插入"选项卡"表格"组中单击"表格"下拉按钮，在其下拉列表中选择合适的行列数，或单击"插入表格"命令。

（2）选择合适的行、列数，如3行6列，单击即可插入表格。

5.3.6 图表的插入与编辑

当演示文稿中需要用数据来说明问题时，往往用图表显示更为直观。插入图表可以在任意版式中使用"插入图表"按钮插入图表，还可以把 Excel 的图表作为对象插入到幻灯片中。

1. 插入图表

插入图表的方法如下。

（1）在"插入"选项卡"插图"组中单击"图表"按钮，出现图表设计窗口后进行图表的设计与编辑。

（2）选择带有可添加图表的版式，在"单击图标添加内容"处单击"插入图表"按钮，即在相应位置出现图表，可进行图表的设计与编辑。

2. 在数据表中输入与编辑数据

图表是 Excel 的对象，每个图表都对应于一个 Excel 数据表，在数据表中输入与编辑数据与 Excel 中方法相同。

【例 5-3】新生联谊会议安排，效果如图 5-32 所示。

图 5-32 最终效果

【操作步骤】：

STEP 1 创建演示文稿

启动 PowerPoint 2010，创建一个空白演示文稿。

STEP 2 输入相应文字

在第 1 张中主标题输入"新生联谊会议安排"，副标题输入"电子与信息工程学院学生会"。

在第 2 张输入活动主题、活动时间和晚会地点。

在第 4 张输入"谢谢观赏"。

STEP 3 插入图表

① 设计图 5-33 所示的 Excel 表格。

② 在"插入"选项卡"插图"组中单击"图表"按钮。选择"插入图表"中的"饼图"命令，如图 5-34 所示。

③ 选择饼图的同时会启动 Excel 2010，并自动创建工作表，在工作表中已有一些相关数据，如图 5-35 所示。

图 5-33 Excel 表格

图 5-34 图表选择

图 5-35 图表及图表数据

④ 选择刚插入的图表，切换到"设计"选项卡，在"数据"组中单击"选择数据"按钮，在 Excel 中打开新建的文件，将 A2:C6 单元格区域选中，如图 5-36 所示。

图 5-36 选择数据源

⑤ 单击"确定"按钮，图表内容已更新，如图 5-37 所示。

图 5-37　更新后的饼形图表

⑥ 在"图表工具"的"布局"选项卡"标签"组中单击"数据标签"按钮，选择"其他数据标签选项"命令，设置后的效果如图 5-38 所示。

图 5-38　设置饼形图图例

STEP 4 保存

5.3.7　插入背景音乐

在进行幻灯片的放映时，如果播放符合演示文稿内容的优美音乐作为背景音乐，将会取得很好的放映效果。为幻灯片插入背景音乐的具体方法如下。

（1）使第 1 张幻灯片显示在屏幕上。

（2）在"插入"选项卡"媒体"组中单击"音频"按钮，选择"文件中的音频"，选择要播放的声音文件，然后单击"确定"按钮。

完成上述操作后，就会发现在幻灯片上出现一个喇叭的图标，在"播放"选项卡"音频选项"组，选中"循环播放，直到停止"复选框，则可以在幻灯片演示时，一直播放该乐曲，直到停止；选中"幻灯片放映时隐藏声音图标"复选框，则在幻灯片放映时，小喇叭图标会不可见。

在演示文稿中其实还可以添加多种多媒体对象，例如媒体剪辑库中的声音、CD 乐曲、影片以及自己录制的声音旁白等，多种可供选择的方式会让演示文稿有声有色、生动感人。

5.4 幻灯片的格式化与修饰

PowerPoint 2010 演示文稿是一个整体，文稿中的幻灯片都具有外观，幻灯片的外观可以通过背景、设计模板、配色方案、动画方案、母版等方式设置。

5.4.1 应用幻灯片主题

幻灯片的主题一般包括幻灯片的主题颜色、主题字体与主题效果以及主题设计方案等方面，在实际操作中，应用相当普遍。

1.快速应用主题

其设置方法如下。

（1）在"设计"选项卡"主题"组中单击"其他"下拉按钮。

（2）在下拉列表中选择一款合适的主题样式，这里选择风格为"跋涉"，如图 5-39 所示。

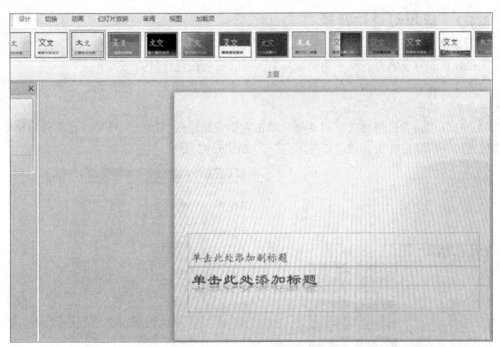

图 5-39　选择需要应用的主题

（3）更改主题后，演示文稿中所有幻灯片的图形、颜色和字体、字号等也变成了新更换的主题中的样式。

2.更改主题颜色

（1）在"设计"选项卡"主题"组中单击"颜色"下拉按钮，在下拉列表中选择"新建主题颜色"命令。

（2）打开"新建主题颜色"对话框，在对话框中设置主题颜色，如图 5-40 所示。

（3）在"设计"选项卡"主题"组单击"字体"下拉按钮，在下拉列表中选择"新建主题字体"命令，在打开的"新建主题字体"对话框中设置主题的字体样式，如图 5-41 所示。

图 5-40　新建主题颜色　　　　　　　　　图 5-41　新建主题字体

5.4.2　应用幻灯片背景

1.背景渐变填充

如果默认的背景填充效果不能满足需求，可以重新设置背景填充效果。

（1）在"设计"选项卡"背景格式"组中单击"背景样式"下拉按钮，选择"设置背景格式"命令，如图 5-42 所示。

（2）打开"设置背景格式"对话框，单击左侧窗格中的"填充"选项，在右侧窗格中根据需要选择一种填充样式，如"渐变填充"，如图 5-43 所示。

图 5-42　选择"设置背景格式"命令　　　　图 5-43　设置渐变填充

（3）根据需要设置预设颜色、类型、方向和角度等，设置完成后单击"全部应用"按钮即可。

2.背景纹理填充

（1）在幻灯片中单击鼠标右键，在弹出的快捷菜单中选择"设置背景格式"命令，打开"设置背景格式"对话框。

（2）单击左侧窗格中"填充"选项，在右侧窗格中的"填充"栏中选中"图片或纹理填充"单选按钮，单击"纹理"右侧下拉按钮，如图5-44所示。

（3）在纹理下拉列表中选择适合的纹理，如图5-45所示。

（4）单击"全部应用"按钮即可为演示文稿添加纹理填充背景。

图 5-44　单击"纹理"按钮

图 5-45　选择纹理

5.4.3　幻灯片的母版设计

如果演示文稿需要大多数幻灯片保持外观一致，那么一张一张地进行幻灯片的设计很麻烦。若更改某一种幻灯片的母版外观，则会影响到基于母版设计的所有幻灯片的外观，所以使用母版是创建这种特殊外观最有效的方法。

母版是 PowerPoint 2010 中一类特殊的模板，母版控制某些文本特征例如字体、字号和颜色等，控制背景色和一些特殊效果。它的目的是能使设计者进行全局更改（如替换字形），并使该更改应用到演示文稿中的所有幻灯片中。在制作演示文稿的时候，通常都会用许多张幻灯片串连起来描述一个主题。例如，如果希望在每张幻灯片上都加上学校的校徽，并且让标题文字的大小、颜色和字体都能一致，就可以利用 PowerPoint 2010 提供的"母版"功能来实现。

幻灯片母版是所有母版的基础，它控制了除标题幻灯片之外的所有幻灯片的外观，也包括讲义与备注幻灯片的外观。

1. 插入、删除与重命名幻灯片母版

（1）在幻灯片母版视图中，在"编辑母版"组中单击"插入幻灯片母版"按钮，如图5-46所示。

（2）插入幻灯片母版之后，具体效果如图5-47所示。

（3）在"编辑母版"组中单击"重命名"按钮，在打开的"重命名版式"对话框中输入合适的母版名称，单击"重命名"按钮。

（4）在"编辑母版"组中单击"删除"按钮，即可删除幻灯片母版。

2. 修改母版

对系统自带的母版版式不满意，可以进行修改，如添加图片占位符。

图 5-46 单击"插入幻灯片母版"按钮

在"视图"选项卡"母版版式"组中单击"插入占位符"下拉按钮，在其下拉列表中选择"图片"命令，如图 5-48 所示。

图 5-47 插入的母版

图 5-48 插入"图片"占位符

3. 设置母版背景

在设计幻灯片母版的过程中，用户还可以设置幻灯片母版的背景。

（1）在幻灯片母版视图中，在"背景"组中单击"背景样式"下拉按钮。

（2）在弹出的下拉列表中选择一种背景颜色。

5.4.4　讲义母版的设计

打开讲义母版，用户可以更改讲义的打印设计与版式。

1. 设置讲义方向

讲义的方向，即讲义的页面方向，分为横向与纵向两种。

（1）在"视图"选项卡"母版视图"组中单击"讲义母版"按钮，在"页面设置"组中单击"讲义方向"下拉按钮。

（2）在其下拉列表中选择"横向"命令。

2.设置每页幻灯片数量

在讲义母版中，有时为了实际需要还需要设置每页幻灯片的数量，具体操作如下。

STEP 1 在"视图"选项卡"母版视图"组中单击"讲义母版"按钮，在"页面设置"选项组中单击"每页幻灯片数量"下拉按钮，在其下拉列表中选择"4 张幻灯片"。

STEP 2 设置完成后每页显示 4 张幻灯片。

5.5 幻灯片的放映

5.5.1 设置动画效果

为了增加幻灯片放映时的生动性，PowerPoint 2010 可分别对整张幻灯片及每张幻灯片中的各类元素对象进行动画效果设置，下面分别介绍。

1.利用动画方案设置动画效果

（1）创建进入动画

打开演示文稿，选中要设置进入动画效果的文字或图片。

在"动画"选项卡"动画"组中单击 按钮，在弹出的下拉列表中"进入"栏下选择进入动画效果，如"飞入"效果，如图 5-49 所示。

添加动画效果后，文字对象前面将显示动画编号标记。

（2）创建强调动画

打开演示文稿，选中要设置强调动画效果的文字，然后在"动画"组中单击 按钮，在弹出的下拉列表中"强调"栏下选择强调动画。

添加动画效果后，在预览时可以看到在文字下相应的强调动画。

图 5-49 选择动画样式

（3）创建退出动画

打开演示文稿，选中要设置退出动画效果的文字，然后在"动画"组中单击 按钮，在弹出的下拉列表中选择"更多退出效果"命令。

打开"更改退出效果"对话框，选择某种退出效果，单击"确定"按钮即可。

2.幻灯片切换效果设置

切换效果是指放映时幻灯片出现的方式、速度等。

（1）单击要设置切换效果的幻灯片的空白处，将其选中。

（2）在"切换"选项卡"切换到此幻灯片"组中单击 按钮，在下拉列表中选择"缩放"命令，如图 5-50 所示。

（3）在"切换"选项卡"切换到此幻灯片"组中单击"效果选项"下拉按钮，在下拉列表中选择"放大"命令，即可设置切换效果。

图 5-50　选择切换效果

5.5.2　演示文稿的放映

1.放映演示文稿

在"幻灯片放映"选项卡的"开始放映幻灯片"组中单击"从头开始"或"从当前幻灯片开始"按钮。如果没有进行过相应的设置，这两种方式将从演示文稿中的第一张幻灯片起，放映到最后一张幻灯片为止。

2.设置放映方式

打开制作完成的演示文稿，在选择"幻灯片放映"选项卡"设置"组中单击"设置幻灯片放映"按钮。

打开"设置放映方式"对话框，在对话框里可以对幻灯片的放映类型、放映选项、换片方式等进行设置，如图 5-51 所示。

图 5-51　设置放映方式

5.6　演示文稿的打包与打印

5.6.1　演示文稿的打包

1.打包成 CD

（1）选择"文件"选项卡，在视图导航栏中选择"保存并发送"命令，在右侧"文件类型"栏下选择"将演示文稿打包成 CD"，在最右侧单击"打包成 CD"，如图 5-52 所示。

（2）打开"打包成 CD"对话框，单击"复制到文件夹"按钮，如图 5-53 所示。

（3）打开"复制到文件夹"对话框，设置文件夹名称和保存位置，单击"确定"按钮，即可将演示文稿保存为 CD。

2.打包成讲义

（1）选择"文件"选项卡，在视图导航栏中选择"保存并发送"命令，在右侧"文件类型"栏下选择"创建讲义"，在最右侧单击"创建讲义"命令，如图 5-54 所示。

（2）打开"发送到 Microsoft PowerPoint"对话框（见图 5-55），选择使用的版式，单击"确定"按钮，即可将演示文稿打包成讲义。

图 5-52 选择"打包成 CD"保存方式

图 5-53 复制到指定文件夹

图 5-54 选择"讲义"保存方式

图 5-55 选择讲义样式

5.6.2 打印

1. 设置页面

（1）在打印之前，首先要进行页面设置。在"设计"选项卡"页面设置"组中单击"页面设置"按钮，打开"页面设置"对话框，如图 5-56 所示。可以在该对话框中设置打印纸张的大小，幻灯片编号的起始值以及幻灯片、讲义等的纸张方向。

（2）页面设置完毕后，选择"文件"选项卡，在视图导航栏中单击"打印"按钮，即可进入打

图 5-56 "页面设置"对话框

印预览状态，可以根据需要对幻灯片进行打印设置。

2. 打印讲义幻灯片

（1）选择"文件"选项卡，在视图导航栏中单击"打印"按钮，在右侧单击"1 张幻灯片"下拉按钮，在下拉列表中选择"4 张水平放置的幻灯片"命令。

（2）在打印预览区域即可看到一页纸张中显示 4 张幻灯片。

【例 5-4】相册黄山风光的制作。

【操作步骤】

STEP 1 创建演示文稿

启动 PowerPoint 2010，创建一个空白演示文稿。

STEP 2 新建相册

在"插入"选项卡"相册"组中单击"新建相册"命令，打开"相册"对话框，如图 5-57 所示。

图 5-57　"相册"对话框

① 单击"文件/磁盘"按钮，打开"插入新图片"对话框，如图 5-58 所示。选择照片所在文件夹，全选所有照片，单击"插入"按钮，返回"相册"对话框。

图 5-58　"插入新图片"对话框

② 在"相册"对话框的"相册版式"区域中，单击"图片版式"右侧下拉按钮，选择图片格式，单击"相框形状"右侧下拉按钮，选择相框形状，单击"主题"右侧的"浏览"按钮，如图 5-59 所示，选择主题，单击"确定"按钮，返回"相册"对话框。

图 5-59　"选择主题"对话框

STEP 3 插入并设置背景音乐

① 准备一个音频文件，选中第 1 张幻灯片，选择"插入"选项卡"媒体"组，选择"音频"中的"文件中的音频"命令，打开"插入音频"对话框，如图 5-60 所示。选中音频，单击"确定"按钮。此时第一张幻灯片上有一个小喇叭标记。

图 5-60　"插入音频"对话框

② 选中小喇叭标记，单击"高级动画"组中的"动画窗格"按钮，选择"效果选项"命令，如图 5-61 所示。打开"播放音频"对话框，如图 5-62 所示。

图 5-61 "动画窗格"

图 5-62 "播放音频"对话框

③ 选择"效果"选项卡,设置播放时间和停留时间。

④ 选择"计时"选项卡,设置音乐开始的方式。

STEP 4 创建视频文件

① 选择"文件"选项卡"保存并发送"按钮,在右侧窗口中选择"创建视频"命令,打开"创建视频"窗口,如图 5-63 所示。

图 5-63 "创建视频"选项

② 单击"创建视频"按钮,打开"另存为"对话框,如图 5-64 所示。

③ 选择保存类型和命名后,演示文稿底部会显示正在转换视频的进度,完成后,生成一个可以直接播放的视频文件。

这种方法适用于在网络上传自己制作的演示文稿,或没有安装 PowerPoint 的设备上观看幻灯片内容。

图 5-64 打开"另存为"对话框

5.7 网络应用

【例 5-5】将制作完成的演示文稿《黄山风光》保存到 Web 上，实现网络共享。

【操作步骤】

STEP 1 打开演示文稿《黄山风光》。

STEP 2 选择"文件"选项卡，在导航栏中选择"保存并发送"命令，在打开的"保存并发送"窗口中选择"保存到 Web"命令，选择"登录"按钮，如图 5-65 所示。

图 5-65 演示文稿保存到 Web

STEP 3 打开"连接到 docs.live.net"对话框，输入电子邮件地址和密码，然后单击"确定"按钮，如图 5-66 所示。

图 5-66 "连接到 docs.live.net"对话框

STEP 4 选择"公开"文件夹，单击"另存为"按钮，PowerPoint 演示文稿保存到 Web网上。

STEP 5 在"Microsoft OneDrive"空间中可以查看到上传的 PowerPoint 演示文稿。

本章小结

　　本章详细介绍了 PowerPoint 2010 的基本操作，通过本章的学习，学生能熟练地进行幻灯片的外观设计、动画制作、模板设计和放映设置等演示文稿制作的操作，并使学生通过自我学习完善，触类旁通，能够掌握幻灯片的制作方法。

PART 6

第6章
计算机网络技术基础

计算机网络是计算机技术与通信技术相结合的产物，它的出现使计算机的体系结构发生了巨大变化。随着计算机网络不断的发展其应用已经遍布全世界及各个领域，并已成为人们社会生活中不可缺少的重要组成部分。以 Internet 为代表的信息高速公路的出现和发展，使人类社会迅速进入一个全新的网络时代。Internet 能帮助科学发明，使得研究和合作开发成为可能；它向全世界用户提供电子书籍、电子报刊、软件、消息、新闻、艺术精品、音乐、歌曲等；它还能创造新的商业机会，如电子银行、在线商店、网络广告服务、联机娱乐等；通过电子邮件、网络新闻及邮件列表，它能把全世界所有上网的人联系在一起。目前计算机网络在全世界范围内迅猛发展，它已成为衡量一个国家现代化程度的重要标志之一，它的应用渗透到社会的各个领域，因此，掌握网络知识与 Internet 的应用是对新世纪人才的基本要求。

本章主要介绍计算机网络技术基础知识，通过学习，要求掌握计算机网络的概念、功能、发展历程、网络结构和硬件、Internet 基础知识、Internet 的应用等。

6.1 计算机网络概述

6.1.1 计算机网络的概念和功能

1.计算机网络的定义

计算机网络，是指将地理位置不同的具有独立功能的多台计算机及其外部设备，通过通信线路连接起来，在网络操作系统、网络管理软件及网络通信协议的管理和协调下，实现资源共享和信息传递的计算机系统。

从逻辑功能上看，计算机网络是以传输信息为基础目的，用通信线路将多个计算机连接起来的计算机系统的集合，一个计算机网络组成包括传输介质和通信设备。

从用户角度看，计算机网络是一个能为用户自动管理的网络操作系统。由它调用完成用户所调用的资源，而整个网络像一个大的计算机系统一样，对用户是透明的。

该定义包含 3 个要点。

（1）至少两台以上的计算机并各自装有独立操作系统。所谓计算机可以是各种类型包括个人计算机、工作站、服务器、数据处理终端等。

（2）用于进行连接的传输介质和通信设备。传输介质是指如同轴电缆、光纤、微波、卫星等相关网络连接介质。通信设备指的是网络连接设备，如网关、网桥、集线器、交换机、路由器等。

（3）计算机系统之间的信息交换，必须要遵守某种约定和规则即网络通信协议。

计算机网络由通信子网和资源子网构成。通信子网负责计算机间的数据通信，也就是数据传输。资源子网是通过通信子网连接在一起的计算机，向网络用户提供可共享的硬件、软件和信息资源。

2.计算机网络的主要功能

信息交换、资源共享、协同工作是计算机网络的基本功能。从计算机网络的应用角度来看，计算机网络的功能因网络规模和设计目的的不同，往往有一定的差异。归纳起来有如下几方面。

（1）资源共享

计算机资源主要指计算机的硬件、软件和数据资源。共享资源是构建计算机网络的主要目的之一，它允许网络用户共享的资源包含硬件资源、软件资源、数据资源以及信道资源。其中各种类型的计算机、存储设备、打印机及绘图仪等计算机外部设备都属于硬件资源；软件资源包括数据库管理系统、语言处理程序、工具软件及应用软件等；数据资源包括办公文档、企业报表等产生的数据库及相关文件；而信道资源也就是完成数据传输的传输介质。资源共享可以节约开支，降低成本，并可在一定程度上保障数据的完整性和一致性。

（2）均衡负荷及分布处理

当网络中某个主机系统负荷过重时，可以将某些工作通过网络传送到其他主机处理，既缓解了某些机器的过重负荷，又提高了负荷较小的机器的利用率。另外，对于一些复杂的问题，可采用适当的算法将任务分散到不同的计算机上进行分布处理，充分地利用各地的计算机资源，达到协同工作的目的。

（3）信息快速传输与集中处理

国家宏观经济决策系统、企业办公自动化的信息管理系统、银行管理系统等一些大型信息管理系统，都是信息传输与集中处理问题，都要靠计算机网络来支持。通过计算机网络，将某个组织的信息进行分散、分级，或集中处理与管理，这是计算机网络的最基本功能。

（4）综合信息服务

在当今的信息化社会中，通过计算机网络向社会提供各种经济信息、科技情报和咨询服务已相当普遍。目前正在发展的综合服务数字网可提供文字、数字、图形、图像、语音等多种信息传输，实现电子邮件、电子数据交换、电子公告、电子会议、IP 电话和传真等业务。计算机网络将为政治、军事、文化、教育、卫生、新闻、金融、图书、办公自动化等各个领域提供全方位的服务，成为信息化社会中传送与处理信息不可缺少的强有力的工具。目前，互联网（Internet）就是最好的实例。

6.1.2　计算机网络的形成及发展

现代计算机网络起源于 20 世纪 60 年代的美国，原本用于军事通信，后逐渐进入民用，经过短短 50 年不断地发展和完善，现已广泛应用于各个领域。

20 世纪 60 年代，美苏冷战期间，为了对付来自苏联的核攻击威胁，美国国防部高级研究计划署 ARPA 提出了一种将计算机互连的计划。因为当时，虽然已经有了电路交换的电信网并且覆盖面积相对较广，但是一旦正在通信的电路有一个交换机或链路被破坏，则整个通信电路就要中断，如要修复或是改用其他后备电路，还必须重新拨号建立连接，这将会延误一些时间。1969 年由四所大学的 4 台大型计算机作为结点开始组建，其构造采用分组交换技术，到 1971 年扩建成具有 15 个结点、23 台主机的网络，这就是著名的阿帕网（ARPANET），它是最早的计算机网络之一，现代计算机网络的许多概念和方法都源自阿帕网。

现在，计算机通信网络以及因特网已成为社会结构的一个基本组成部分。电子银行、电子商务、现代化的企业管理、信息服务业等都以计算机网络系统为基础。从学校远程教育到政府日常办公乃至现在的电子社区，很多方面都离不开网络技术。毫不夸张地说，网络在当今世界无处不在。计算机网络的发展大致可划分为以下 4 个阶段。

1. 远程终端联机阶段

计算机网络主要是计算机技术和通信技术相结合的产物，它从 20 世纪 50 年代起步至今已经有 60 多年的发展历程，在 20 世纪 50 年代以前，因为计算机主机相当昂贵，而通信线路和通信设备相对便宜，为了共享计算机主机资源和进行信息的综合处理，形成了第一代的以单主机为中心的联机终端系统。

在第一代计算机网络中，所有的终端共享主机资源，终端到主机都单独占一条线路，使得线路利用率低，而且主机既要负责通信又要负责数据处理，因此主机的使用效率低。这种网络组织形式是集中控制形式，所以可靠性较低。如果主机出问题，所有终端都被迫停止工作。面对这种情况，人们提出了改进方法，就是在远程终端聚集的地方设置一个终端集中器，把所有的终端聚集到终端集中器，而且终端到集中器之间是低速线路，而终端集中器到主机是高速线路，这样使得主机只负责数据处理而不负责通信工作，大大提高了主机的利用率。

2. 计算机通信网络阶段

第二代计算机网络是计算机通信网络。在第一代面向终端的计算机网络中，只能在主机和终端之间进行通信。后来这样的计算机网络体系在慢慢演变，就是把主机的通信任务从主机中分离出来，由专门的 CCP（通信控制处理机）来完成，CCP 组成了一个单独的网络体系，我们称它为通信子网，而在通信子网基础上连接起来的计算机主机和终端则形成了资源子网，导致两层结构体系出现。从 20 世纪 60 年代中期开始，由通信子网和用户资源子网构成，出现了多个主机互联的系统，实现了主机与主机之间的通信，如图 6-1 所示。用户通过终端不仅可以共享主机上的软、硬件资源，还可以共享子网中其他主机上的软、硬件资源。

图 6-1　以多主机为中心的网络的逻辑结构示意图

3. 标准化网络阶段

第三代计算机网络是标准化网络的时代。20 世纪 70 年代，随着微型计算机的出现，其功能不断增强，价格不断降低，应用领域不断扩大，用户之间信息交流和资源共享需求急剧提升。1972 年后，以太网、LAN、MAN、WAN 迅速发展，各个计算机生产商纷纷发展各自的网络系统，制定自己的网络技术标准。1974 年，IBM 公司研制了它的系统网络体系结构，随后 DGE 公司宣布了自己的数字网络体系结构，1976 年 UNIVAC 宣布了该公司的分布式通信体系结构。这些不同公司开发的系统体系结构只能连接本公司的设备。为了使不同体系结构的网络相互交换信息，网络的开放性和标准化被提上日程，国际标准化组织（International Standards Organization，ISO）于 1977 年成立专门机构来研究该问题，并且在 1984 年正式颁布了"开放系统互联基本参考模型（Open System Interconnection/Reference Model，OSI/RM）"的国际标准，OSI 参考模型结构如图 6-2 所示。它标志着第三代计算机网络的诞生。OSI/RM 已被国际社会广泛地认可和执行，它对推动计算机网络的理论与技术的发展，对统一网络体系结构和协议起到了积极的作用。今天的国际互联网 Internet 就是 ARPANET 逐步演变而来的。ARPANET 使用的是 TCP/IP 协议，并沿用至今。Internet 自诞生之日起就飞速发展，是目前全球规模最大、覆盖面积最广的计算机网络。

图 6-2　OSI 参考模型结构

4. 网络互联与高速网络阶段

第四代计算机网络是网络互联与高速网络阶段。20 世纪 90 年代中期，计算机网络技术得到了迅猛的发展。各国政府都将计算机网络的发展列入国家发展计划。1993 年美国政府提出了"国家信息基础结构（NII）行动计划"（即"信息高速公路"），1996 年美国总统克林顿宣布在之后的五年里实施"下一代的 Internet 计划"（即 NGI 计划），1998 年美国 100 多所大学联合成立 UCAID（University Corporation for Advanced Internet Development），从事 Internet2 研究计划。在我国，以"金桥""金卡""金关"工程为代表的国家信息技术正在迅猛发展，而且国务院已将加快国民经济信息化进程列为经济建设的一项主要任务，并制定了"信息化带动工业化"的发展方针。

计算机技术的发展已进入了以网络为中心的新时代，有人预言未来通信和网络的目标是实现 5W 的通信，即任何人（whoever）在任何时间（whenever）、任何地点（wherever）都可以和任何人（whomever）通过网络进行通信，传送任何信息（whatever）。

6.1.3　计算机网络的组成

计算机网络，通俗地讲就是由多台计算机（或其他计算机网络设备）通过传输介质和软件物理（或逻辑）连接在一起组成的。

计算机网络的基本组成包括计算机、网络操作系统、传输介质（可以是有形的，也可以是无形的，如无线网络的传输介质就是空气）以及相应的应用软件4部分。

6.1.4　计算机网络的分类

计算机网络的类型多种多样，从不同角度，按不同方法，可以将计算机网络分成各种不同的类型。例如按网络的交换方式分类可分为电路交换网、报文交换网和分组交换网；按用途可分为公用网和专用网；按传输介质分类可分为有线网、无线网；按计算机网络覆盖的范围可分为局域网、城域网、广域网；下面主要介绍按传输介质和网络覆盖的范围分类的方法。

1. 按传输介质分类

（1）有线网

有线网是通过线路传输介质进行通信的网络，通常的有线介质有同轴电缆、双绞线和光纤。同轴电缆主要用于电视网络或某些局域网，具有抗干扰性好和高宽带的优点；双绞线是目前综合布线工程中最常用的传输介质，具有易于安装和维护的优点，但抗干扰性较差；光纤主要用于某些主干网络，具有传输率高、抗干扰性好和传输距离远等优点。

（2）无线网

无线网络是利用无线介质进行通信的网络，目前主要采用的无线介质有微波、红外线和激光等。无线网具有安装便捷，使用灵活和易于扩展等优点，但也存在传输速率低和通信盲点等缺点。

2. 按网络覆盖的范围分类

（1）局域网（Local Area Network，LAN）

局域网是一种在有限的地理范围内的计算机或数据终端设备相互连接后形成的网络。这个有限范围可以是一间办公室、一个实训机房、一幢大楼或距离较近的几栋建筑物。一般在数千米之内，最大不超过10千米，如图6-3所示。局域网一般位于一个建筑物或一个单位内，不存在寻径问题，不包括网络层的应用。局域网随着整个计算机网络技术的发展和提高得到充分的应用和普及，几乎每个单位都有自己的局域网，甚至家庭中都有自己的小型局域网。

图6-3　局域网连接示意图

局域网具有以下特点：

① 连接范围窄；

② 用户数少；

③ 配置容易；

④ 连接速率高。

IEEE 的 802 标准委员会定义了多种主要的 LAN 网：以太网（Ethernet）、令牌环网（Token Ring）、光纤分布式接口网络（FDDI）、异步传输模式网（ATM）以及无线局域网（WLAN）。

局域网的数据传输速率一般比较快（10 Mbit/s ~ 10 Gbit/s），误码率较低，使用的技术比较简单，网络建设费用较低，网络拓扑结构简单，容易管理和配置。在计算机数量配置上也没有过多限制，少至两台，多达上千台。因此，比较适合中小单位的计算机联网，多应用于各类企业单位以及校园内。在目前计算机网络技术中，局域网是发展最快的领域之一。

（2）城域网（Metropolitan Area Network，MAN）

城域网的覆盖范围介于局域网和广域网之间，一般在 10 千米到 100 千米之间。它是城市范围内的规模较大的网络，通常是机关、事业单位、企业、集团、公司等若干个局域网互联。它能够实现大量用户之间的数据和语音等多种信息的传输功能。它的传输率一般来说稍低于局域网。

（3）广域网（Wide Area Network，WAN）

广域网是一种远距离的计算机网络，也可称为远程网。它的覆盖范围从几千米到几十千米，可以跨越市、地区、国家甚至洲，它是以连接不同地域的大型主机系统或局域网为目的的。广域网的通信子网可以利用公用分组交换网、卫星通信网和无线分组交换网进行连接。其特点是建设费用高、传输信号速率较低、传输错误率比专用线的局域网要高、网络拓扑结构复杂。

互联网（Internet）实际上也属于广域网的范畴，它利用网络互联技术和设备，将世界各地的各种局域网和广域网互联起来，并允许它们按照一定的协议标准互相交流。

6.2 计算机网络结构和硬件

计算机网络是一个复杂的系统，通常由计算机硬件、软件、通信设备和通信线路构成。其中网络结点之间的互连方式决定了网络的构型，即网络的拓扑结构。

6.2.1 网络拓扑结构

计算机网络的拓扑结构是指网上计算机或设备与传输媒介形成的结点与线的物理构成模式，主要由通信子网决定。计算机网络的拓扑结构主要有总线型拓扑、星型拓扑、环型拓扑、树型拓扑和混合型拓扑。

1. 总线型结构

总线型拓扑结构是采用单根数据传输线作为通信介质，网络上所有结点都连接在总线上并通过它在网络各结点之间传输数据，如图 6-4 所示。总线型拓扑结构通常采用广播方式工作，总线上的每个结点都可以将数据发送到总线上，所有其他结点都可以接收总线上的数据，各结点接收数据之后，首先分析总线上数据的目的地址再决定是否真正接收。总线型拓扑结构的优点是结构简单，可靠性高，组网成本较低，布线、维护方便，易于扩展等。但各个结点共用一条总线，所以在任何时刻只允许一个结点发送数据，因此传输中经常会发生多个结点争用总线的问题，一旦总线上任何位置出现故障，整个网络就无法运行。

总线型拓扑结构适用于计算机数目相对较少的局域网络，通常这种局域网络的传输速率为 100 Mbit/s，网络连接选用同轴电缆。总线型拓扑结构曾流行了一段时间，典型的总线型局域网有以太网。

图 6-4 总线型拓扑结构

2. 星型结构

星型拓扑结构中每个结点都以中心结点为中心，如网络设备中的集线器、交换机等，通过连接线与中心点相连，如图 6-5 所示。星型拓扑结构的优点是结构简单灵活，易于构建，便于管理和控制，易于结点扩充等，但这种结构要耗费大量的电缆，目前星型结构常应用于小型局域网中。另外星型结构是以中心结点的存储转发技术来实现数据传输，因此缺点是中心结点负担较重，一旦中心结点出现故障则全网瘫痪。

3. 环型结构

环型拓扑结构是由连接成封闭回路的网络结点组成的每一个结点与它左右相邻的结点连接，如图 6-6 所示。在环型结构中，信息的传输沿环单向传递，两结点之间仅有唯一的通道。环型结构的优点是简化了路径选择的控制，各结点之间没有主次关系，各结点负载能力强且较为均衡，信号流向是定向的所以无信号冲突，缺点是当结点过多时会影响传输速度，任何结点或者是环路发生故障，都会引起整个网络故障进而不能正常工作。

图 6-5 星型拓扑结构

图 6-6 环线型拓扑结构

4. 树型结构

树型拓扑结构是一种分级结构，可看作是星型结构的扩展，网络中各结点按一定的层次连接起来，形状像一棵倒置的树，如图 6-7 所示。树型结构顶端有一个带有分支的根结点，每个分支结点还可延伸出若干子分支。信息的传输可以在每个分支链路上双向传递。树型结构的优点是线路利用率高、建网成本较低，改善了星型结构的可靠性和扩充性，缺点是如果某一层结点出现故障，将造成下一层结点不能交换信息，对根结点的依赖性过大。此外其结构相对复杂，不易管理和维护。

图6-7 树型结构拓扑

5. 混合型结构

混合型拓扑是星型结构和总线型结构的网络结合在一起的网络结构，这样的拓扑结构更能满足较大网络的拓展，解决星型结构在传输距离上的局限，同时又解决了总线型结构在连接用户数量上的限制。这种网络拓扑结构同时兼顾了星型结构与总线型结构的优点，在缺点方面得到了一定的弥补。

混合型结构的特点如下。

（1）应用相当广泛，主要是因它解决了星型和总线型结构的不足，满足了大公司组网的实际需求。

（2）扩展相当灵活，主要是继承了星型拓扑结构的优点。但由于仍采用广播式的消息传送方式，所以在总线长度和结点数量上也会受到限制，不过在局域网中是不存在太大的问题。

（3）同样具有总线型结构的网络速率会随着用户的增多而下降的弱点。

（4）较难维护，主要是受到总线型结构的制约，如果总线断，则整个网络也就瘫痪了，但是如果是分支网段出了故障，则不影响整个网络的正常运作。另外，整个网络非常复杂，维护起来不容易。

（5）速度较快，因为其骨干网采用高速的同轴电缆或光缆，所以整个网络在速度上应不受太多的限制。

此外网络中还存在网型结构。实际应用中复杂的网络拓扑结构通常是由总线型、星型、环型这三种基本结构组合而成的。

6.2.2 常见网络传输介质及设备

网络硬件是网络运行的载体，对网络性能起着决定性的作用。以目前最为常见的局域网为例，现在局域网大多数是采用以太网的拓扑结构，主要由网络传输介质、网卡、集线器、交换机、调制解调器、路由器等设备将各结点连接起来。下面分别介绍常用的网络传输介质及网络设备。

1. 传输介质

在计算机网络中，要使计算机之间能够相互访问对方的资源，必须提供一条能使它们相互连接的通路，因此需要使用传输介质来架构这些通路。传输介质的种类也很多，适用于局域网的传输介质主要有双绞线、同轴电缆和光纤等。

（1）双绞线

双绞线（Twist Pair Cable）是局域网中最常用的一种传输介质。双绞线采用了两个具有绝缘保护层的金属导线互相绞合的方式来抵御一部分外界电磁波干扰。把两根绝缘的铜导线按一定密度互相绞在一起，可以降低信号干扰的程度，每一根导线在传输中辐射的电波会被另一根线上发出的电波抵消，并在每根铜导线的绝缘层上分别涂以不同的颜色，以示区分，如图 6-8 所示。"双绞线"的名字也是由此而来。双绞线一般由两根 22～26 号绝缘铜导线相互缠绕而成。实际使用时，双绞线是由多对双绞线一起包在一个绝缘电缆套管里的。典型的双绞线有四对的，也有更多对双绞线放在一个电缆套管里的。这些称之为双绞线电缆。与其他传输介质相比，双绞线在传输距离、信道宽度和数据传输速度等方面均受到一定限制，但价格较为低廉，广泛应用于星型局域网中。

（2）同轴电缆

同轴电缆是由一根空心的外圆柱导体和一根位于中心轴线的内导线组成。内导线和圆柱导体及外界之间用绝缘材料隔开，如图 6-9 所示。根据传输频带的不同，同轴电缆可分为基带同轴电缆和宽带同轴电缆两种类型。粗缆适用于大型局域网的布线，它的布线距离较长，可靠性较好，安装时需采用特殊的装置，无须切断电缆。对于普通用户来说，从节约设备资金的角度出发在局域网的组建中较常选用的是细缆。

图 6-8　双绞线

图 6-9　同轴电缆

同轴电缆具有抗干扰能力强、屏蔽性能好等特点，因此组建网络时常用于设备与设备之间的连接，或用于总线型网络结构中。但是随着时间的推移和网络的发展，双绞线已经取代同轴电缆成为最流行的局域网的网络连接线。

（3）光纤

光纤是光导纤维的简写，是一种利用光在玻璃或塑料制成的纤维中的全反射原理而达成的光传导工具。光纤通信是以光波作为信息载体，以光纤作为传输媒介的一种通信方式。从原理上看，光纤通信是利用近红外线区波长 1 微米左右的光波为载波，把电话、电视、数据等电信号调制到光载波上，再通过光纤传输信息的一种通信方式。理论上光纤能提供极限值带宽为 1.06 Gbit/s。

2. 常用网络设备

（1）网络适配器

网络适配器也称为网络接口卡或简称网卡，是局域网中最基本的部件之一，是计算机与传输介质进行数据交互的中间部件，主要进行编码转换，如图 6-10 所示。它的工作原理是将本地计算机上的数据分解成适当大小的数据包，然后向网络上发送出去。同时负责接收网络上传过来的数据包，解包后将数据传输给与它相连接的本地计算机，因此要使计算机连接到网络中，必须在计算机上安装网卡。

网卡类型按信息处理能力分为 16 位和 32 位；按总线类型分为 ISA、EISA 和 PCI；按照连接介质分为双绞线网卡、同轴电缆网卡和光纤网卡；按机型分台式机网卡和笔记本电脑网卡；按传输率分为十 M 网卡、百兆网卡和千兆网卡。选择网卡时主要应考虑网卡的传输率、总线类型和网络拓扑结构。

（2）调制解调器

调制解调器（Modem）俗称"猫"，如图 6-11 所示。它的主要功能是实现数据在数字信号与模拟信号之间的转换，以完成在电话线上的传输。它由调制器和解调器两部分组成，在发送端调制器把计算机的数字信号调制成可在电话线上传输的模拟信号，在接收端解调器再把模拟信号转换成计算机能接收的数字信号。常见的调制解调器速率有 14.4 Kbit/s、28.8 Kbit/s、33.6 Kbit/s、56 Kbit/s 等。

图 6-10　网络适配器

图 6-11　调制解调器

（3）中继器

中继器（REPEATER） 又称为转发器，如图 6-12 所示 。工作在物理层，它是用来扩展局域网覆盖范围的硬件设备。当规划一个网络时，若网络段已超出规定的最大距离，就要用中继器来延伸。中继器的功能就是接收从一个网段传来的所有信号，放大后发送到另一个网段（网络中两个中继器之间或终端与中继器之间的一段完整的、无连接点的数据传输段称为网段）。中继器有信号放大和再生功能，但它不需要智能和算法的支持，只是将信号从一端传送到另一端。

图 6-12　中继器

图 6-13　集线器（Hub）

（4）集线器

集线器（Hub）可以看成是一种多端口中继器，如图 6-13 所示，是局域网中常见的连接设备，集线器（Hub）实际是一个中继器，二者的区别在于集线器能够提供多端口服务，也称为多口中继器。它将一个端口接收的所有信号向所有端口分发出去，每个输出端口相互独立，当某个输出端口出现故障，不影响其他输出端口。网络用户可通过集线器的端口用双绞线与网络服务器连接在一起。

集线器通常用于连接多条双绞线。它的主要功能是对接收到的信号进行再生放大，以扩大网络的传输距离。工作方式是广播模式，所有的端口共享带宽。

（5）交换机

交换机可以称为"智能型集线器"，如图 6-14 所示，采用交换技术，为所连接的设备同时建立多条专用线路，当两个终端互相通信时并不影响其他终端的工作，使网络的性能得到大幅提高。

网络交换机是将电话网中的交换技术应用到计算机网络中所形成的网络设备，它在外观上与集线器类似，但在功能上比集线器强大，它是一种智能化的集线器，不仅有集线器的对数据传输起到同步、放大和整形的作用，而且还可以过滤数据传输中的短帧、碎片等。同时采用端口到端口的技术，每一个端口有独占的带宽，可以极大地改善网络的传输性能，适用于大规模的局域网。

图 6-14 交换机

（6）网桥

网桥（Bridge）也叫桥连接器，像一个聪明的中继器。中继器从一个网络电缆里接收信号，放大它们，将其送入下一个电缆。相比较而言，网桥对从关卡上传下来的信息更敏锐一些。网桥是一种对帧进行转发的技术，根据 MAC 分区块，可隔离碰撞。网桥将网络的多个网段在数据链路层连接起来。

（7）网关

网关又称网间连接器、协议转换器。网关在传输层上以实现网络互连，是最复杂的网络互连设备，仅用于两个高层协议不同的网络互连。它是用来连接完全不同体系结构的网络或用于连接局域网与主机的设备。在使用不同的通信协议、数据格式或语言，甚至体系结构完全不同的两种系统之间，网关是一个翻译器。与网桥只是简单地传达信息不同，网关对收到的信息要重新打包，以适应目的系统的需求。同时，网关也可以提供过滤和安全功能。大多数网关运行在 OSI 7 层协议的最顶层——应用层。

（8）路由器

路由器是一种可以在不同的网络之间进行信号转换的互联设备。网络与网络之间互相连接时，必须用路由器来完成。它的主要功能包括过滤、存储转发、路径选择、流量管理、介质转换等。即在不同的多个网络之间存储和转发分组，实现网络层上的协议转换，将在网络中传输的数据正确地传送到下一网段上。

6.3 Internet 基础

20 世纪 80 年代以来，在计算机网络领域最引人注目的就是起源于美国的 Internet 的飞速发展。Internet 意为"互联网"，也叫"因特网"，是世界最大的全球性计算机网络。该网络将遍布全球的计算机连接起来，人们可以通过 Internet 共享全球信息，它的出现标志着网络时代的到来。

　　从信息资源的角度来看，Internet 是一个多国家、多领域的各种信息资源为一体，供网上用户共享的信息资源网。它将全球数万个计算机网络、数千万台主机连接起来，包含了海量的信息资源，向全世界提供信息服务。

　　从网络通信的角度来看，Internet 是一个基于 TCP/IP 的连接各个国家、各个地区、各个机构计算机网络的数据通信网。今天的 Internet 已经远远超过了一个网络的涵义，它是一个信息社会的缩影。

　　Internet 改变了我们的生活，并将远远超过电话、汽车和电视对人类生活的影响。Internet 可以在极短时间内把电子邮件发送到世界任何地方；可以提供只花市话费的国际长途业务；可以提供全球信息漫游服务。Internet 不仅仅是计算机爱好者的专利，它更能为社会大众带来极大方便。

6.3.1　Internet 的形成与发展

1. 国外 Internet 的发展

　　Internet 的起源可以追溯到 20 世纪 60 年代末，源于美国国防部高级研究计划署（简称 ARPA）建立的名为 ARPANet 的计算机网络，ARPANet 的一项非常重要的成果就是网际协议（IP）和传输控制协议（TCP）这两个协议。该网络于 1969 年投入使用，起初用于军事目的。

　　在 Internet 发展过程中，值得一提的是 NSFNet，它是美国国家科学基金会（简称 NSF）建立的一个计算机网络，该网络也使用 TCP/IP 协议，并在全国建立了按地区划分的计算机广域网。1988 年，NSFNet 已取代原有的 ARPANet 而成为 Internet 的主干网。NSFNet 对 Internet 的最大贡献是使 Internet 向全社会开放，而不像以前那样仅仅供计算机研究人员和其他专门人员使用，任何遵循 TCP/IP 协议且愿意接入 Internet 的网络都可以成为 Internet 的一部分，其用户可以共享 Internet 的资源，用户自身的资源也可向 Internet 开放。

　　随着社会科技、文化和经济的发展，人们对信息资源的开发和使用越来越重视。随着计算机网络技术的发展，Internet 已经成为一个开发和使用信息资源的覆盖全球的信息海洋。

2. 国内 Internet 的基本情况

　　我国早在 1987 年就由中国科学院高能物理研究所首先通过 X.25 租用线路实现了国际远程联网。1994 年 5 月高能物理研究所的计算机正式接入了 Internet，称为中国。与此同时，以清华大学为网络中心的中国教育与科研网也于 1994 年 6 月正式联通 Internet。1996 年 6 月，中国最大的 Internet 互联子网 ChinaNet 也正式开通并投入运营，在中国兴起了一股研究、学习和使用 Internet 的浪潮。中国的用户已经越来越多地走进 Internet，截至 2014 年 12 月我国网民规模达 6.49 亿；手机网民达 5.57 亿；我国域名总数为 2060 万，其中 "CN" 域名达到 1109 万；中国网站总数为 335 万。

　　为了规范发展，1996 年 1 月 23 日，国务院发布《中华人民共和国计算机信息网络国际联网管理暂行规定》中明确规定只允许 4 个互联网路拥有国际出口：中国科技网（CSTNet）、中国教育与科研网（CERNet）、中国互联网（ChinaNet）、中国金桥信息网（ChinaGBN）。前两个网络主要面向科研和教育机构，后两个网络以运营为目的，是属于商业性质的 Internet。这里，国际出口是指互联网络与 Internet 连接的端口及通信线路。

　　我国 Internet 的发展经历了三个阶段。

第一阶段（1987年～1993年）实现了与Internet电子邮件的连通；

第二阶段（1994年～1995年）实现了Internet的TCP/IP连接，提供了Internet的全能服务；

第三阶段（1995至今），开始了以ChinaNet作为中国Internet主干网的阶段。

我国制订了"应用为主导、面向市场、联合共建、资源共享、技术创新、竞争开放"的方针。目前我国已初步建成了光缆、微波和通信卫星所构成的通达各省、自治区、直辖市的主干信息网络，但是其速度和密度均未达到信息高速公路的要求。

（1）中国公用计算机互联网（ChinaNet）

ChinaNet（China Public Computer Network）由邮电部主管。其主干网覆盖全国各省（市），并在北京（170 M）、上海（214 M）和广州（327 M）三个城市接入国际Internet，其主要服务对象为科研、教育领域和部分信息服务公司，可以提供接入Internet的服务、信息服务等。

（2）中国国家计算机与网络设施（NCFC）

NCFC（The National Computer and Networking Facility of China）亦称中国科技网（CSTNet），由中科院主持，联合北京大学、清华大学共同建设的全国性的网络。该工程于1990年4月启动，1993年正式开通与Internet的专线连接，1994年5月21日完成了我国最高域名cn主要服务器的设置，标志着我国正式接入Internet。其主导思想是为科研、教育和非盈利性政府部门服务，提供科技数据库、科研成果、信息服务等。目前已经连接了全国各主要城市的上百个研究所。

（3）中国教育和科研计算机网（CERNet）

CERNET（China Education and Research Network）是1994年由国家计委，国家教委组建的一个全国性的教育科研基础设施。CERNet完全是由我国技术人员独立自主设计、建设和管理的计算机互联网。它主要为高等院校和科研单位服务，其目标是建立一个全国性的教育科研信息基础设施，利用计算机技术和网络技术把全国大部分高校和有条件的中小学连接起来，推动教育科研信息的交流和共享，为我国信息化建设培养人才。

（4）中国国家公用经济信息通信网（ChinaGBN）

自1993年开始建设的ChinaGBN（China Golden Bridge Network）即金桥网，是配合中国的四金工程：金税（即银行）、金关（即海关）、金卫（即卫生部）和金盾（即公安部）的计算机网络。ChinaGBN以卫星综合数字业务网为基础，以光纤、无线移动等方式形成的立体网络结构，覆盖全国各省市、自治区。目前已经建成了金桥网控制中心与首批网络分中心，并已在全国24个省市联网开通。与ChinaNet一样，ChinaGBN也是可在全国范围内提供Internet商业服务的网络。

6.3.2 Internet的主要特点

Internet不仅拥有普通网络所有的特性，它还具有自己的特点。

1. 开放性

Internet不属于任何一个国家、部门、单位或个人，并没有一个专门的管理机构对整个网络进行维护。任何用户或计算机只要遵守TCP/IP协议都可进入Internet。

2. 先进性

Internet是现代化通信技术和信息处理技术的融合。它使用了各种现代通信技术。充分利用了各种通信网，如电话网（PSTN）、数据网（如帧中继等）、综合通信网（DDN、ISDN）。

这些通信网遍布全球，并促进了通信技术的发展，如电子邮件、网络电话、网络传真、网络视频会议等，增加了人类交流的途径，加快了交流速度，缩短了全世界范围内人与人之间的距离。

3. 平等性

Internet 是"不分等级"的。在 Internet 内，你是怎样的人仅仅取决于你通过键盘操作而表现出来的你。个人、企业、政府组织之间可以是平等的、无级别的。

4. 交互性

Internet 可以作为平等、自由的信息沟通平台，信息的流动和交互是双向的，信息沟通双方可以平等地进行，及时获得所需信息。

5. 个性

Internet 作为一个新的沟通虚拟社区，它可以鲜明突出个人的特色，只有那些有特色的信息和服务，才可能在 Internet 上不被信息的海洋所淹没，Internet 引导的是个性化的时代。

6. 全球性

Internet 从一开始商业化运作，就表现出无国界性，信息流动是自由的无限制的。因此，Internet 从一诞生就是全球性的产物，当然全球化同时并不排除本地化，如 Internet 上主流语言是英语，但对于中国人习惯的还是汉语。

7. 资源的丰富性

Internet 中有数以万计的计算机，形成了一个巨大的计算机资源，可以为全球用户提供极其丰富的信息资源，包括自然、社会、科技、教育、政治、历史、商业、金融、卫生、娱乐、天气预报、政府决策等。

此外，Internet 还具有合作性、虚拟性和共享性等特点。

6.3.3 网络协议

计算机之间通信时，需要使用一种双方都能理解的"语言"，这就是网络协议（Network Protocol）。网络协议是为计算机网络中进行数据交换而建立的规则、标准或约定的集合。具体是指计算机间通信时对传输信息内容的理解、信息表示形式及各种情况下的应答信号都必须遵守的一个共同的约定。在网络上有许多由不同组织出于不同应用目的而应用在不同范围内的网络协议。协议的实现既可以在硬件上完成也可以在软件上完成，还可以综合完成。目前局域网和 Internet 中主要使用 TCP/IP 协议，它是计算机网络中事实上的工业标准。

TCP/IP 协议是应用最为广泛的一种网络通信协议，无论是局域网、广域网还是 Internet，无论是 UNIX 系统还是 Windows 系统，都支持 TCP/IP 协议，TCP/IP 是计算机网络世界的通用语言。TCP/IP 协议是一个协议的集合，其中最主要的两个协议是传输控制协议（Transmission Control Protocol，TCP）和网际协议（Internetworking Protocol，IP），其他协议包括有用户数据报协议（User Datagram Protocol，UDP）、互联网控制信息协议（Internet Control Message Protocol，ICMP）、简单邮件传输协议（Simple Mail Transfer Protocol，SMTP）、文件传输协议（File Transfer Protocol，FTP）等。

TCP/IP 是一个 4 层的分层体系结构，从上至下分别为应用层、传输层、网际层、网络接口层。在 TCP/IP 体系结构中，下层总是为相邻的上层提供服务，是上层的支撑。上层只调用相邻下层提供的服务，至于下层如何实现服务的，上层一概不管。那么 TCP/IP 是如何进行网络传输呢？

TCP/IP 协议的基本传输单位是数据包，TCP 协议负责把数据分成若干个数据包，并给每个数据包加上包头，包头上有编号，以保证目的主机能将数据还原为原来的格式。IP 协议在每个包头上再加上接收端主机 IP 地址，这样数据能找到自己要去的地方。如果传输过程中出现数据失真、数据丢失等情况，TCP 协议会自动请求重新传输数据，并重组数据包。可以说，IP 协议保证数据的传输，TCP 协议保证数据传输的质量。

6.3.4 Internet 地址与域名

1. IP 地址

IP 地址是 Internet 上的通信地址，在 Internet 上是唯一的。目前的 IP 地址是由 32 位二进制数组成的，共 4 个字节，例如 11000000.10101000.00101010.00011101。为了便于表达和识别，IP 地址常以十进制数形式来表示。因为一个字节所能表示的最大十进制数是 255，所以每段整数的范围是 0～255。上面用二进制数表示的 IP 地址可用十进制表示为 192.168.42.29。这种表示 IP 地址的方法称为"点分十进制法"。需要说明全 0 和全 1 的地址系统另用。

IP 地址是层次性的地址，分为网络地址和主机地址两部分。处于同一网络内的各主机，其网络地址部分是相同的，主机地址部分则标识了该网络中的某个具体结点，如工作站、服务站、路由器或其他 TCP/IP 设备等。

IP 地址可以分为 A～E 五类，常用的只有三类，通常 A 类是大型网络、B 类是中型网络、C 类是小型网络。D 类地址为多播（Multicast）地址，E 类是保留的实验性地址，如表 6-1 所示。

表 6-1　IP 地址的分类

分类	网络地址值	网络地址	主机地址	网络数	每个网络上主机数
A	1～126	第 1 个字节	第 2、3、4 个字节	126	16777214
B	128～191	前 2 个字节	第 3、4 个字节	16384	65534
C	192～223	前 3 个字节	第 4 个字节	2097152	254
D	224～239	多路广播保留	N/A	N/A	N/A
E	240～254	实验性保留	N/A	N/A	N/A

目前 IP 的版本是 IPv4，随着 Internet 的指数式增长，32 位 IP 地址空间越来越紧张，网络号将很快用完，迫切需要新版本的 IP 协议，于是产生了 IPv6 协议。IPv6 协议使用 128 位地址，它支持的地址数是 IPv4 协议的 2^{96} 倍，这个地址空间是足够的。IPv6 协议在设计时，保留了 IPv4 协议的一些基本特征，这使采用新老技术的各种网络系统在 Internet 上能够互联。

2. 子网掩码

在 TCP/IP 协议中，子网掩码的作用是用来区分网络上的主机是否在同一网络区段内。子网掩码也是一个 32 位的数字。其构成规则是：所有标识网络地址和子网地址的部分用 1 表示，主机地址用 0 表示。

由于 IP 地址只有 32 位，对于 A、B 两类编码方式，经常会遇到网络编码范围不够的情况。为了解决这个问题，可以在 IP 编址中增加一个子网标识成分，此时的 IP 地址应包含网络标识、子网标识和主机标识三个部分，其中的子网标识占用一部分主机标识，至于占几位可视具体情况而定。在组建计算机网络时，通过子网技术将单个大网划分为多个小的网络，并由路由器等网络互联设备连接，可以减轻网络拥挤，提高网络性能。

在 TCP/IP 中通过子网掩码来表明子网的划分。32 位的子网掩码也用圆点分隔成四段。其标识方法是：IP 地址中网络和子网部分用二进制数 1 表示；主机部分用二进制数 0 表示。A、B、C 三类 IP 地址的默认子网掩码如下，A 类：255.0.0.0；B 类：255.255.0.0；C 类：255.255.255.0。

3. 域名地址的构成

由于 IP 地址是由无规则的数字构成的，不便于识记，因此 Internet 上使用了字符型的主机命名机制 DNS（Domain Name System），即域名系统。它是一种在 Internet 中使用的分配名字和地址的机制。域名系统允许用户使用更为人性化的字符标识而不是 IP 地址来访问 Internet 上的主机。如访问搜狐，我们只需使用 www.sohu.com，而不用使用其 IP 地址"XXX.XXX.XXX.XXX"（X 代表数字）。DNS 服务器负责进行主机域名和 IP 地址之间的自动转换。

在 Internet 发展初期，整个网络上的计算机数目有限。只要使用一个对照文件，列出所有主机名称和其对应的 IP 地址，那么用户输入主机的名称，计算机就可以很快地将其转换成 IP 地址。但是随着网上主机数目的迅速增加，仅使用一台域名服务器来负责域名到 IP 地址的转换就会出现问题。一是该域名服务器的负荷过重，二是如果该服务器出现故障，域名解析将全部瘫痪。为此，自 1983 年起，Internet 开始采用一种树状、层次化的 DNS。该系统是一个遍布在 Internet 上的分布式主机信息数据库，它采用客户机/服务器的工作模式。它的基本任务就是用文字来表示域名，例如将 www.abc.com "翻译"成 IP 协议能够理解的 IP 地址格式，如 201.3.42.100，这就是所谓的域名解析。域名解析的工作通常由域名服务器来完成。

域名系统是一个高效、可靠的分布式系统。域名系统确保大多数域名在本地就能对 IP 地址进行解析，仅少数需要向上一级域名服务器请求，使得系统高效运行。同时域名系统具有可靠性，即使某台计算机发生故障，解析工作仍然能够进行。域名系统是一种包含主机信息的逻辑结构，它并不反映主机所在的物理位置。同 IP 地址一样，Internet 上的主机域名具有唯一性。

按照 Internet 的域名管理系统规定，入网的计算机通常应具有类似于下列结构的域名：计算机主机名.机构名.网络名.顶级域名

与 IP 地址格式相同，域名的各部分之间也用"."隔开。例如辽宁中医药大学的主机域名为 www.lnutcm.edu.cn。其中，www 表示这台主机的名称；lnutcm 表示辽宁中医药大学；edu 表示教育机构；cn 表示中国。

域名系统负责对域名进行转换，为了提高转换效率，Internet 上的域名采用了一种由上到下的层次关系。在最顶层的称为顶级域名。

顶级域名目前采用两种划分方式：以机构或行业领域作为顶级域名；以国别作为顶级域名。常见的顶级域名如表 6-2 和表 6-3 所示。

表 6-2　机构/行业领域的顶级域名

域名	含义	域名	含义
com	商业组织	org	除以上组织以外的组织
net	网络和服务提供商	int	国际组织
edu	教育机构	web	强调其活动与 Web 有关的组
gov	除军事部门以外的政府组织	arts	从事文化和娱乐活动的组织
mil	军事组织	info	提供信息服务的组织

表 6-3　部分国家/地区的顶级域名

域名	国家或地区	域名	国家或地区
Au	澳大利亚	In	印度
Br	巴西	It	意大利
Ca	加拿大	Jp	日本
Cn	中国	Kr	韩国
De	德国	Sg	新加坡
Fr	法国	Tw	中国台湾
Hk	中国香港	Uk	英国

　　顶级域名由 Internet 网络中心负责管理。在国别顶级域名下的二级域名由各个国家自行确定。我国顶级域名 cn 由 CNNIC 负责管理，在 cn 下可由经国家认证的域名注册服务机构注册二级域名。我国将二级域名按照行业类别或行政区域来划分。行业类别大致分为 com（商业机构）、edu（教育机构）、gov（政府机构）、net（网络服务机构）等；行政区域二级域名适用于各省、自治区、直辖市，共 34 个，采用省市名的简称，如 ln 为辽宁省，sy 为沈阳市等。自 2003 年始，在我国国家顶级域名 cn 下也可以直接申请注册二级域名，由 CNNIC 负责管理。可见，Internet 域名系统是逐层、逐级由大到小地划分的，这样既提高了域名解析的效率，同时也保证了主机域名的唯一性。

6.3.5　Internet 接入技术

　　传统的 Internet 接入方式是利用电话网络，采用拨号方式进行接入。这种接入方式的缺点是显而易见的，如通话与上网的矛盾、上网费用问题、网络带宽的限制等问题，视频点播、网上游戏、视频会议等多媒体功能难以实现。随着 Internet 接入技术的发展，高速访问 Internet 技术已经进入人们的生活。

　　对于想要加入 Internet 的用户，首先要选择提供 Internet 服务的提供商（Internet Service Provider，ISP），它是众多企业和个人用户接入 Internet 的驿站和桥梁。国内最大的 ISP 有 4 个，它们是中国教育和科研网（CERNet）、中国科技网（CSTNet）、中国公用互联网（ChinaNet）和中国金桥信息网（ChinaGBN）。前两个是学术网络，可以为教育和科研单位、政府部门及其他非盈利社会团体提供接入 Internet 的服务；后两者是商业网络，为全社会提供 Internet 服务。

　　目前 ISP 提供了多种接入方式，以满足用户的不同需求，主要包括调制解调器接入、ISDN、ADSL、Cable Modem、无线接入和高速局域网接入等。

1. 调制解调器接入

　　调制解调器又称 modem。这是最为传统的接入方式，它是一种能够使计算机通过电话线与其他计算机进行通信的设备。其作用是：一方面将计算机的数字信号转换成可在电话线上传送的模拟信号（这一过程称为"调制"）；另一方面，将电话线传输的模拟信号转换成计算机所能接收的数字信号（这一过程称为"解调"）。此类拨号上网曾是最为流行的上网方式，只要有电话线和一台调制解调器，就可以上网。

　　目前市面上的 modem 主要有内置、外置、PCMCIA 卡式 3 种。它的重要技术指标是传输速率，即每秒可传输的数据位数，以 bit/s 为单位，目前经常使用的 modem 传输速率为 56 Kbit/s。

利用 modem 接入网络是目前大众常用的接入方式，但用这种方式接入网络时，要进行数字信号和模拟信号之间的转换，因此网络连接速度较慢、性能较差。

2. ISDN 拨号接入

综合业务数字网（Integrated Service Digital Network，ISDN）接入技术俗称"一线通"，它采用数字传输和数字交换技术，将电话、传真、数据、图像等多种业务综合在一个统一的数字网络中进行传输和处理。用户利用一条 ISDN 用户线路，可以在上网的同时拨打电话、收发传真，就像两条电话线一样。ISDN 基本速率接口有两条 64 Kbit/s 的信息通路和一条 16 Kbit/s 的信令通路，简称 2B+D，当有电话拨入时，它会自动释放一个 B 信道来进行电话接听。

像普通拨号上网要使用 Modem 一样，用户使用 ISDN 也需要专用的终端设备，主要由网络终端 NT1 和 ISDN 适配器组成。网络终端 NT1 就像有线电视上的用户接入盒一样必不可少，它为 ISDN 适配器提供接口和接入方式。ISDN 适配器和 Modem 一样又分为内置和外置两类，内置的一般称为 ISDN 内置卡或 ISDN 适配卡，外置的 ISDN 适配器则称之为 TA。

3. ADSL 接入

ADSL（Asymmetric Digital Subscriber Line）是非对称数字用户线路的简称，是利用公用电话网提供宽带数据业务的技术，是目前应用较广的接入方式。"非对称"指的是网络的上传和下载速度的不同。通常人们在 Internet 上，下载的信息量要远大于上传的信息量，因此采用了非对称的传输方式，满足用户的实际需要，充分合理地利用资源。

ADSL 属于专线上网方式，用户需要配置一个网卡和专用的 ADSL Modem，同传统的 Modem 接入方式不同之处在于它能提供的带宽很高，通常 ADSL 支持的上行速率为 0.64～1 Mbit/s，下行速率为 1～8 Mbit/s，几乎可以满足任何用户的需要，包括视频或多媒体类数据的实时传送。ADSL 也不影响电话线的使用，可以在上网的同时正常通话，因此受到广大家庭用户的欢迎。目前，ADSL 是主流的接入方式。

4. Cable Modem 接入

Cable Modem 又称为线缆调制解调器，它利用有线电视线路接入 Internet，接入速率可以高达 10～30 Mbit/s，可以实现视频点播、互动游戏等大容量数据的传输。接入时，将整个电缆（目前使用较多的是同轴电缆）划分为 3 个频带，分别用于 Cable Modem 数字信号上传、数字信号下传及电视节目模拟信号下传，一般同轴电缆的带宽为 5～750 MHz，数字信号上传带宽为 5～42 MHz，模拟信号下传带宽为 50～550 MHz，数字信号下传带宽则是 550～750 MHz，这样，数字数据和模拟数据不会冲突。它的特点是带宽高、速度快、成本低、不受连接距离的限制、不占用电话线、不影响收看电视节目。

截至 2015 年 2 月底，我国有线数字电视用户达到 18802.2 万户，所以在有线电视网上开展网络数据业务的前景非常广阔。

5. 无线接入

用户不仅可以通过有线设备接入 Internet，也可以通过无线设备接入 Internet。采用无线接入方式一般适用于接入距离较近、布线难度大、布线成本较高的地区。目前常见的接入技术有蓝牙技术、全球移动通信系统（Global System for Mobile Communication，GSM）、通用分组无线业务（General Packet Radio Service，GPRS）、码分多址（Code Division Multiple Access，CDMA）、第三代数字通信（3rd Generation，3G）、第四代数字通信（4rd Generation，4G）等，其中，蓝牙技术适用于传输范围一般在 10 m 以内的多设备之间的信息交换，如手机与计算机相连，实现

Internet 接入；GSM、GPRS、CDMA、3G、4G 技术目前主要用于个人移动电话通信及上网。

2G 已成过去式，3G 渐成过去式，4G 作为进行时，5G 正是将来时。目前华为正在与哈佛大学、斯坦福大学、慕尼黑工业大学、清华大学等 20 多所顶级高校联合研究开发 5G 中，5G 发展已到关键点，华为称 2020 年将正式商用，与现有移动通信技术相比，5G 有 3 个革命性的进步：千亿级别的联接数量，1 毫秒的超低时延，网络峰值速率达到 10 Gbit/s 级别。5G 将超越目前的移动接入架构，超越目前传统信息论指导下的宽带无线通信技术体系，成为无线接入的必然之选。

6. 高速局域网接入

用户如果是局域网中的结点（终端或计算机），可以通过局域网中的服务器（或代理服务器）接入 Internet。

用户在选择接入 Internet 的方式时，可以从地域、质量、价格、性能、稳定性等方面考虑，选择适合自己的接入方式。

6.4   Internet 提供的主要服务

Internet 的应用已越来越广泛，它改变了人们传统的信息交流方式，学习网络与 Internet 知识的目的就是利用 Internet 上的各种信息和服务，为学习、工作、生活和交流提供帮助。Internet 基本服务主要包括 WWW 服务、电子邮件服务（E-mail）、文件传输服务（File Transfer Protocol，FTP）、远程登录服务（Telnet）、电子公告板（Bulletin Board System，BBS）、信息浏览服务（Gopher）、广域信息服务（Wide Area Information Service，WAIS）等。

6.4.1   WWW 服务

1. WWW 的概念

WWW（World Wide Web），通常被称作万维网。它不是普通意义上的物理网络，而是一种信息服务器的集合标准。

WWW 是以超文本传输协议（HyperText Transfer Protocol，HTTP）和超文本标记语言（HyperText Markup Language，HTML）为基础，能够以十分友好的接口提供 Internet 信息查询服务的浏览系统。WWW 系统的结构采用客户机/服务器工作模式，所有的客户端和 Web 服务器统一使用 TCP/IP 协议，统一分配 IP 地址，使得客户端和服务器的逻辑连接变成简单的点对点连接，用户只需要提出查询要求就可自动完成查询操作。

我们在网络浏览器中所看到的界面叫作网页，也称 Web 页。多个相关的 Web 页组合在一起便组成一个 Web 站点。一个 Web 站点上存储了众多的页面，其中最先看到的是主页（Home Page）。主页指一个 Web 站点的首页，从该页出发可以链接到本站点的其他页面，也可以链接到其他的站点。这样，就可以方便地接通世界上任何一个 Internet 结点了。

Web 网页采用超文本的格式。它除了包含有文本、图像、声音、视频等信息外，还含有指向其他 Web 页或页面定向某特定位置的超链接。文本、图像、声音、视频等多媒体技术使 Web 页的界面生动活泼，超链接使文本按三维空间的模式进行组织，信息不仅可按线性方向搜索，而且可按交叉方式访问。超文本中的某些文字或图形可作为超链接源。当鼠标指向超链接时，鼠标指示变成手指形，用户单击这些文字和图形时，可进入另一超文本，通过超链接可带来更多的与此相关的文字、图片等信息。

2. 统一资源定位器 URL

WWW 使用统一资源定位器（Uniform Resource Locator，URL），使客户程序能找到位于整个 Internet 范围的某个信息资源。URL 由三部分组成：协议、存储资源的主机域名及资源的路径名和文件名，当 URL 省略资源文件名时，表示将定位于 Web 站点的主页。

资源类型中的 HTTP 表示检索文档的协议，称为超文本传输协议。它是在客户机/服务器模型上发展起来的信息分布方式。HTTP 通过客户机和服务器彼此互相发送消息的方式进行工作。客户通过程序向服务器发出请求，并访问服务器上的数据，服务器通过设定的公用网关接口 CGI 程序返回数据。

3. WWW 浏览器

WWW 浏览器是一种专门用于定位和访问 Web 信息，获取自己希望得到的资源的导航工具，它是一种交互式的应用程序。目前常见的 WWW 浏览器主要有 Microsoft 的 Internet Explorer 和 Mozilla 的 Firefox 等。其中 Internet Explorer（简称 IE）凭借 Microsoft 公司在操作系统领域的垄断优势，将它捆绑到 Windows 系列操作系统中，向全世界用户免费提供。IE 是 Windows 用户浏览 Web 页的最快捷的方法，同时也为用户提供了通信和合作的工具。由于 IE 具有良好的用户界面，又能兼容多种通信协议，因此受到用户的青睐，现已成为主流的 Internet 浏览器。

浏览 Web 上的网页时，如果发现有用的信息，可以保存整个 Web 页，也可以保存其中的部分文本、图片的内容。此外，还可以将网页上的图形作为计算机墙纸在桌面上显示，或将网页打印出来。

【例 6-1】网上信息浏览。

【操作步骤】

用户可以通过 IE 浏览器浏览信息。

STEP 1 双击 IE 浏览器图标，打开 IE 浏览器。

STEP 2 在地址栏输入"www.sohu.com"，打开搜狐网首页，如图 6-15 所示。

图 6-15　打开搜狐网首页

STEP 3 在对应的链接处单击即可打开网页进行浏览，如图 6-16 所示。

图 6-16　浏览网页

4. 搜索引擎

Internet 中拥有数以百万计的 WWW 服务器，而且 WWW 服务器所提供的信息种类及所覆盖的领域也极为丰富，如果用户想要在数百万个网站中快速、有效地查找到所需要的信息，就需要借助于 Internet 中的搜索引擎了。

搜索引擎是 Internet 上的一个 WWW 服务器，它的主要任务是在 Internet 中主动搜索其他 WWW 服务器中的信息并对其自动索引，将索引内容存储在可供查询的大型数据库中。用户可以利用搜索引擎提供的分类目录和查询功能查找需要的信息。搜索引擎包括全文索引、目录索引、元搜索引擎、垂直搜索引擎、集合式搜索引擎、门户搜索引擎与免费链接列表等。百度和谷歌等是搜索引擎的代表网站。

【例 6-2】网上信息搜索。

【操作步骤】

STEP 1 双击 IE 浏览器图标，打开 IE 浏览器，在地址栏输入"www.baidu.com"，打开百度首页。

STEP 2 在文本框中输入"蓝球"，如图 6-17 所示。

图 6-17　输入搜索信息

STEP 3 按下回车键或单击"百度一下"按钮即可看到搜索结果，如图 6-18 所示。

图 6-18　查看搜索结果

6.4.2　电子邮件服务

电子邮件（E-mail），是一种用户通过网络实现相互之间传送和接收信息的电子邮政通信方式。发送、接收和管理电子邮件是 Internet 的一项重要功能，它是 Internet 上应用最为广泛的一种服务。电子邮件与邮局收发的普通信件一样，都是一种信息载体。但电子邮件与普通信件相比主要差别在于其快速、方便、可靠以及内容丰富（除了普通文字外还可包含声音、动画、影像等信息）等特点。

1. 电子邮件的工作原理

电子邮件的工作原理为：邮件服务器是在 Internet 上类似邮局用来转发和处理电子邮件的计算机，其中发送邮件服务器与接收邮件服务器和用户直接相关，发送邮件的服务器采用简单邮件传输协议（Simple Message Transfer Protocol，SMTP）将用户编写的邮件转交到收件人手中。接收邮件的服务器采用邮局协议（Post Office Protocol，POP）将其他人发送的电子邮件暂时寄存，直到邮件接收者从服务器上读取到本地机上阅读。

2. 电子邮件常用术语

（1）电子邮箱：通常是指由用户向 ISP 申请后，ISP 在邮件服务器上为用户开辟的一块磁盘空间。它可分为收费邮箱和免费邮箱。前者是指通过付费方式得到的一个用户账号和密码，收费邮箱具有容量大、安全性高等特点；后者是指一些网站上提供给用户的一种免费空间，用户只需要填写申请资料即可获得用户账号和密码。它具有免付费、使用方便等特点，是目前使用较为广泛的一种电子邮箱。

（2）电子邮件地址：E-mail 像普通的邮件一样，也需要地址，它与普通邮件的区别在于它是电子地址。所有在 Internet 之上拥有邮箱的用户都有自己的 E-mail 地址，并且这些地址都是唯一的。邮件服务器就是根据这些地址，将每封电子邮件传送到各个用户的邮箱中。用户只有在拥有一个地址后才能使用电子邮件。一个完整的 Internet 邮件地址由以下两个部分组成，格式如下。

用户账号@主机域名。

其中，符号@读作"at"表示"在"的意思，@左侧的用户账号即为用户的邮箱名，右侧是邮件服务器的主机名和域名。例如 zhn@mail.lnutcm.edu.cn。

（3）收件人（To）：邮件的接收者，相当于收信人。

（4）发件人（From）：邮件的发送人，一般来说，就是用户自己。

（5）抄送（CC）：用户给收件人发出邮件的同时把该邮件抄送给另外的用户。

（6）主题（Subject）：即这封邮件的标题。

（7）附件：同邮件一起发送的附加的文件。

3.电子邮箱的申请方法

进行收发电子邮件之前必须先要申请一个电子邮箱地址。

（1）通过申请域名空间获得邮箱

如果需要将邮箱应用于企事业单位，且经常需要传递一些文件或资料，并对邮箱的数量、大小和安全性有一定的需求，可以到提供该项服务的网站上申请一个域名空间，也就是主页空间，在申请过程中会为您提供一定数量及大小的电子邮箱，以便别人能更好地访问您的主页。这种电子邮箱的申请需要支付一定的费用，适用于集体或单位。

（2）通过网站申请免费邮箱

提供电子邮件服务的网站很多，如果用户需要申请一个邮箱，只需要登录到相应的网站，单击注册邮箱的超级链接，根据提示信息填写好资料，即可注册申请一个电子邮箱。

【例 6-3】申请免费邮箱、发送邮件。

【操作步骤】

STEP 1 申请免费邮箱

① 进入新浪邮箱登录窗口，单击"注册"按钮，如图 6-19 所示。

图 6-19　登录窗口

② 进入新浪注册邮箱窗口，按项目填写信息，如图 6-20 所示，单击"立即注册"，会出现注册成功的界面。以后就可以正常使用了。

图 6-20　注册邮箱窗口

STEP 2 发送邮件

① 进入新浪邮箱登录窗口，输入用户名和密码，单击"登录"按钮，如图 6-21 所示。

② 进入邮箱主窗口，在左侧单击"写信"按钮，如图 6-22 所示。

图 6-21　登录窗口

图 6-22　进入邮箱

③ 进入写信窗口，填写收信人和主题后，在正文文本框中输入内容，完成后单击"发送"按钮，如图 6-23 所示。

图 6-23　进入写信窗口

④ 发送后窗口会出现如图 6-24 所示的提示。

图 6-24　发送成功

6.4.3　网上视频与电视观看

可以通过互联网观看网上视频与电视节目。

【例 6-4】网上视频。

【操作步骤】

STEP 1　双击 IE 浏览器图标，打开 IE 浏览器，在地址栏输入"http://tv.sohu.com"，打开
搜狐视频，选择需要收看的视频，如图 6-25 所示。

图 6-25　打开搜狐视频

STEP 2 在链接处单击，等待缓冲后即可观看，如图 6-26 所示。

图 6-26 观看

6.4.4 文件传输服务（FTP）

文件传输通常用来获取远程计算机上的文件。文件传输是一种实时的联机服务，在进行工作时用户首先要登录到对方的计算机上，用户在登录后仅可以进行与文件搜索和文件传送有关的操作，如改变当前的工作目录、列文件目录、设置传输参数和传送文件等。使用文件传输协议（File Transfer Protocol，FTP）可以传送多种类型的文件，如程序文件、图像文件、声音文件和压缩文件等。

FTP 协议是 Internet 文件传输的基础。通过该协议，用户可以从一个 Internet 主机向另一个 Internet 主机"下载"或"上传"文件。"下载"文件就是从远程主机复制文件到自己的计算机上；"上传"文件就是将文件从自己的计算机中复制到远程主机上。用户可通过匿名（Anonymous）FTP 或身份验证（通过用户及密码验证）连接到远程主机上，并下载文件，FTP 主要用于下载公共文件。

6.4.5 远程登录服务

远程登录是指用户使用 Telnet 命令，使自己的计算机暂时成为远程主机的一个仿真终端的过程。仿真终端等效于一个非智能的机器，它只负责把用户输入的每个字符传递给主机，再将主机输出的每个信息回显在屏幕上。Telnet 是进行远程登录的标准协议和主要方式，它为用户提供了在本地计算机上完成远程主机工作的能力。

通过使用 Telnet 让你坐在自己的计算机前通过 Internet 网络登录到另一台远程计算机上，这台计算机可以在隔壁的房间里，也可以在地球的另一端。当你登录上远程计算机后，你的计算机就仿佛是远程计算机的一个终端，你就可以用自己的计算机直接操纵远程计算机了，享受远程计算机本地终端同样的权力。你可在远程计算机启动一个交互式程序，可以检索远程计算机的某个数据库，也可以利用远程计算机强大的运算能力对某个方程式求解。

本章小结

计算机网络利用通信设备和传输介质将分散的自主计算机连接起来，并在网络协议的控制下实现信息传递和资源共享。它起源于美国的阿帕网，并逐步发展为标准化、开放化、全球性的高速互联网。网络的典型分类是按覆盖范围分为局域网、城域网和广域网。它是一个复杂的系统，通常由计算机硬件、软件、通信设备和通信线路来构成。拓扑结构决定了网络的构型，三种基本结构为总线型、星型、环型。局域网中的硬件主要包括服务器、工作站、传输介质、互联设备等，主要使用 TCP/IP 协议，它也是 Internet 的核心，IP 地址是通信地址，域名系统保证了人性化的访问。目前 ADSL 是主流的接入方式。Internet 的主要服务包括WWW、电子邮件、FTP 等。

PART 7

第 7 章
常用工具软件

用户在使用和维护计算机时，经常会遇到一些小的使用需求或计算机本身出现小问题而 Windows 无法解决或解决问题的功能较弱，就需要专门的工具软件来解决这些问题了。所谓工具软件就是指日常生活中解决一些实际问题的计算机软件。它们的特点是体积较小、功能单一。下面介绍一些常用的工具软件供读者学习并选择安装使用。

7.1　驱动管理软件

驱动程序是一种可以使计算机和设备通信的特殊程序。驱动程序管理可以使计算机正常工作，或者更好的工作。驱动程序管理是指对计算机设备驱动程序的分类、更新、删除等操作。当前最方便、最常用的驱动管理方法是使用一些专门的软件来实行管理，如驱动精灵、驱动人生等。

7.1.1　驱动精灵

驱动精灵是一款集驱动管理和硬件检测于一体的、专业级的驱动管理和维护工具，为用户提供驱动备份、恢复、安装、删除、在线更新等实用功能，对于手头上没有驱动盘的用户十分实用。用户可以通过驱动精灵软件将系统中的驱动程序提取并备份出来。除了驱动备份恢复功能外，驱动精灵软件还提供了 Outlook 地址簿、邮件和 IE 收藏夹的备份与恢复。

1. 驱动精灵基本功能

（1）驱动程序：计算机有时设备不工作，驱动程序或者驱动版本太旧，玩新游戏总是出现状况。这些问题驱动精灵都可以解决。

（2）系统助手：操作系统补丁没打齐，缺少各种.NET、VC 运行库致使程序无法运行，软硬件异常。驱动精灵可让用户的系统安全稳定，功能完备。

（3）软件管理：系统刚装好，需要各种软件，在驱动精灵软件宝库可以实现快速装机，需要什么软件直接挑选，快捷又安全。

（4）硬件监测：专业硬件检测功能，内容丰富，结果准确，帮助用户判断硬件设备型号状态。

（5）百宝箱：使用驱动精灵百宝箱可以快速解决计算机中遇到的驱动问题。

（6）垃圾清理：使用驱动精灵垃圾清理功能可以检测并清除计算机运行过程中产生的数据垃圾，提高计算机性能。

2.驱动精灵主界面

驱动精灵主界面工作窗口组成如图 7-1 所示，主要包括基本状态、驱动程序、系统补丁、软件管理、硬件检测、百宝箱等。

图 7-1　驱动精灵主界面

3.修复检测出的问题

（1）在驱动精灵主界面中单击"立即检测"按钮，驱动精灵会自动检测出计算机系统中硬件设备的驱动，如图 7-2 所示。

图 7-2　立即检测界面

（2）选择需要安装或升级的驱动程序，单击"一键安装"按钮，系统会自动对所选驱动程序进行更新安装，如图 7-3 所示。

（3）单击"系统助手"选项卡，显示系统漏洞和系统组件检测窗口，如图 7-4 所示。

（4）单击"立即修复"按钮，显示系统检测选项窗口，如图 7-5 所示。

图 7-3 更新安装界面

图 7-4 系统助手窗口

图 7-5 系统检测界面

（5）单击选择其中某个选项卡如"系统补丁"选项，驱动精灵自动检测系统漏洞，如图7-6所示，单击"立即修复"按钮，驱动精灵自动下载并安装系统补丁。

图7-6　系统补丁检测窗口

4.硬件监测与监控

在主界面中单击选择"硬件监测"选项卡，窗口中显示计算机所有硬件的基本信息，如图7-7所示。

图7-7　驱动精灵硬件检测窗口

7.1.2　驱动人生

驱动人生是一款免费的驱动管理软件，实现智能检测硬件并自动查找安装驱动，为用户提供最新驱动更新，本机驱动备份、还原和卸载等功能。软件界面清晰，操作简单，设置人性化，大大方便用户管理计算机的驱动程序。

1.驱动人生基本功能

（1）移动设备即插即用：移动设备插入计算机后，驱动人生自动为其安装驱动并立即可以使用，无须光盘。

（2）品牌驱动：驱动人生支持 10 万多个硬件设备的驱动，可以为几乎任意硬件设备品牌官方驱动库同步，更安全、更贴心，操作比官方更简单。

（3）精准的硬件检测：专业、准确、简单明了的硬件检测，可以轻松地查看计算机各个硬件配置和详细参数。

（4）推荐驱动：根据用户的当前硬件配置，推荐最合适用户机器配置的驱动，兼顾驱动的稳定和性能。

2．驱动人生主界面

驱动人生主界面工作窗口组成如图 7-8 所示，主要包括本机驱动、外设驱动、驱动管理、硬件检测、软件、一键装机、玩一下、免费 Wi-Fi 等。

图 7-8　驱动人生主界面

3．一键恢复

（1）在驱动人生主界面中单击选择"本机驱动"选项卡，驱动人生软件自动检测出用户计算机中的问题，如图 7-9 所示。

图 7-9　检测结果窗口

（2）单击复选框选择需要处理的问题项，单击"开始"按钮，系统会自动处理遇到的问题，如图 7-10 所示。

图 7-10 问题处理界面

4. 驱动备份

（1）在驱动人生主界面中单击选择"驱动管理"选项，软件自动检测并显示出尚未备份的驱动，单击"开始"按钮，如图 7-11 所示。

图 7-11 驱动备份窗口

（3）此时会弹出图 7-12 所示的提示窗口。

（4）单击"确定"按钮完成备份，如图 7-13 所示。

图 7-12 完成备份提示窗口   图 7-13 完成备份窗口

7.2 压缩软件

使用压缩软件可以将超大文件的空间缩小，以节省磁盘空间，方便传输。常见的压缩软件有 WinRAR、2345 好压、360 压缩等；后两者是免费软件。

7.2.1 WinRAR

WinRAR 是一款功能强大的压缩包管理器，它是档案工具 RAR 在 Windows 环境下的图形界面，可用于备份数据，缩减电子邮件附件的大小，解压缩从 Internet 上下载的 RAR、ZIP 及其他文件，并且可以新建 RAR 及 ZIP 格式的文件。

1. WinRAR 基本功能

（1）压缩文件：对于容量较大的文件，可以将其压缩后再上传或发送，以节省传输时间。

（2）解压缩文件：压缩后的文件不能直接查看，将下载的压缩文件解压还原，以方便查看。

2. WinRAR 主界面

WinRAR 的主界面工作窗口组成如图 7-14 所示，主要包括添加、解压到、测试、查看、删除、查找、向导、信息和修复等。

图 7-14 WinRAR 主界面窗口

3.压缩文件

（1）选择需要进行压缩的文件，如选择"发送文件 2013"文件夹，单击"添加"按钮，如图 7-15 所示。

图 7-15　选中压缩文件窗口

（2）打开"压缩文件名和参数"对话框，在"常规"选项下，选中"压缩选项"栏下的"测试压缩文件"复选框，如图 7-16 所示。

（3）单击"确定"按钮后开始压缩，如图 7-17 所示。

图 7-16　设置窗口

图 7-17　正在压缩界面

（4）完成后即可看到压缩后的文件，如图 7-18 所示。

4.解压缩文件

（1）选择需要解压的文件，单击"解压到"按钮，如图 7-19 所示。

（2）打开"解压路径和选项"对话框，在"常规"选项下，选择压缩位置，接着选中"更新方式"栏下的"解压并替换文件"复选框，如图 7-20 所示。

（3）单击"确定"按钮，开始解压缩。

5.锁定压缩文件

（1）选择需要锁定的文件，单击"命令"选项，在弹出的下拉菜单中选择"锁定压缩文件"选项，如图 7-21 所示。

图 7-18 压缩完成窗口

图 7-19 选中解压文件窗口

图 7-20 进行设置界面

图 7-21 选择界面

（2）在打开的窗口中单击"选项"选项，在"锁定压缩文件"栏下选中"禁止修改压缩文件"复选框，如图 7-22 所示。

（3）单击"确定"按钮，此后将无法对压缩文件进行"添加"操作，如图 7-23 所示。

图 7-22　设置界面

图 7-23　锁定压缩文件窗口

7.2.2　2345 好压

2345 好压压缩软件（HaoZip）是强大的压缩文件管理器，是完全免费的新一代压缩软件，相比其他压缩软件系统资源占用更少，兼容性更好，压缩率比较高。软件功能包括强力压缩、分卷、加密、自解压模块、智能图片转换和智能媒体文件合并等。

1.2345 好压基本功能

（1）解压多种格式：2345 好压压缩支持 RAR、ARJ、CAB、LZH、ACE、GZ、UUE、BZ2、JAR 和 ISO 等多达 50 种算法和类型文件的解压，远超同类其他压缩软件支持的解压格式，通用性强。

（2）兼容性强：支持 Windows 2000 以上全部 32/64 位系统，并且完美支持 Windows 7 和 Windows 8。

（3）通用性强：2345 好压完全支持行业标准，使用 2345 好压软件生成的压缩文件，同类软件仍可正常识别，保证了通用性。

2.2345 好压主界面

2345 好压主界面工作窗口如图 7-24 所示，主要包括添加、解压到、删除、密码、自解压、工具箱等。

3.修复被损坏的压缩文件

（1）选中需要修复的压缩文件，单击选择"工具箱"选项，如图 7-25 所示。

（2）单击选择"修复压缩包"选项，打开"修复压缩文件"对话框，在"被修复的压缩文件类型"栏下进行选择，单击"自动检测"单选按钮，如图 7-26 所示。

（3）单击"修复"按钮，完成后的效果如图 7-27 所示。

4.自解压文件

（1）选择需要自解压的文件，单击"自解压"按钮，如图 7-28 所示。

图 7-24　2345 好压主界面

图 7-25　工具箱界面

图 7-26　修复压缩包对话框

图 7-27　完成修复窗口

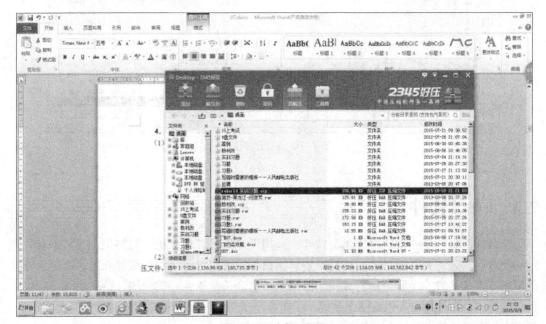

图 7-28　自解压界面

（2）在打开的"高级自解压选项"对话框中（如图 7-29 所示），单击"确定"按钮，开始解压文件，解压后效果如图 7-30 所示。

图 7-29　设置窗口

图 7-30　解压完成界面

7.3　杀毒软件

杀毒软件也称反病毒软件或防毒软件，是用于消除计算机病毒、特洛伊木马和恶意软件的一类软件。杀毒软件通常集成监控识别、病毒扫描和清除、自动升级等功能，有的杀毒软件还带有数据恢复等功能，是计算机防御系统（包含杀毒软件、防火墙、特洛伊木马和其他恶意软件的查杀程序、入侵预防系统等）的重要组成部分。杀毒软件有收费软件与免费软件，下面介绍两种性能较好的免费软件——360 杀毒和金山毒霸。

7.3.1　360 杀毒

360 杀毒是 360 安全中心出品的一款免费的云安全杀毒软件, 具有查杀率高、资源占用少、升级迅速等优点。同时, 360 杀毒可以与其他杀毒软件共存, 是一个理想杀毒备选方案。

1. 360 杀毒基本功能

（1）快速扫描：扫描 Windows 系统目录及 Program Files 目录。

（2）全盘扫描：扫描所有磁盘。

（3）指定扫描位置：扫描用户指定的目录。

（4）右键扫描："360 杀毒扫描"操作被集成到右键菜单中。当用户在文件或文件夹上单击鼠标右键时, 可以选择"使用 360 杀毒扫描"对选中文件或文件夹进行扫描。

2. 360 杀毒主界面

360 杀毒的主界面窗口组成如图 7-31 所示, 它提供了 4 种手动病毒扫描方式：快速扫描、全盘扫描、指定位置扫描及右键扫描。

图 7-31　360 杀毒主界面

3. 快速扫描

（1）在 360 杀毒主界面中, 单击"快速扫描"选项, 此时系统开始快速扫描, 如图 7-32 所示。

图 7-32 快速扫描

（2）扫描结束后，窗口中会提示本次扫描发现的安全威胁。在扫描完成窗口中，分别选中窗口左下角的"高危风险项"和"系统异常项"复选框，单击"立即处理"按钮，如图7-33所示。

图7-33　处理扫描结果界面

（3）处理完成后，窗口中会出现提示，单击"确定"按钮即可，如图7-34所示。

图7-34　处理完成界面

4.定时杀毒

（1）在360杀毒主界面中，在右上角单击"设置"，如图7-35所示。

（2）打开"360杀毒设置"对话框，单击左侧窗口中的"病毒扫描设置"选项，如图7-36所示。

（3）在右侧窗口中，定位到"定时杀毒"栏下，选中"启用定时查毒"复选框，在"扫描类型"下设置"快速扫描"，选中"每周"单选框，设置每周二的10:51分开始查毒，如图7-37所示。

（4）单击"确定"按钮后即可实现定时杀毒。

图 7-35　单击设置界面

图 7-36　病毒扫描设置对话框

图 7-37　定时杀毒设置界面

7.3.2　金山毒霸

金山毒霸（Kingsoft Antivirus）是金山网络旗下研发的云安全智扫反病毒软件，融合了启发式搜索、代码分析、虚拟机查毒等经业界证明成熟可靠的反病毒技术，在查杀病毒种类、查杀病毒速度、未知病毒防治等多方面达到世界先进水平。同时，金山毒霸具有病毒防火墙实时监控、压缩文件查毒、查杀电子邮件病毒等多项先进的功能，紧跟世界反病毒技术的发展，为个人用户和企事业单位提供完善的反病毒解决方案。

1. 金山毒霸基本功能

（1）双平台杀毒：不仅可以查杀计算机病毒，还可以查杀手机中的病毒木马，保护手机，防止恶意扣费。

（2）自动查杀：应用（熵、SVM、人脸识别算法等）数学算法，拥有超强的自学习进化能力，无须频繁升级，直接查杀未知新病毒。

（3）防御性强：多维立体保护，智能侦测、拦截新型威胁，全新"火眼"系统，文件行为分析专家。用户通过精准分析报告，可对病毒行为了如指掌，深入了解自己计算机的安全状况。

（4）网购保镖：网购误中钓鱼网站或者网购木马时，金山网络为用户提供最后一道安全保障，独家 PICC 承保，全年最高 8000+48360 元赔付额度。

2. 金山毒霸主界面

金山毒霸主界面工作窗口如图 7-38 所示，主要包括电脑杀毒、铠甲防御、网购保镖、手机助手、百宝箱等。

图 7-38　金山毒霸主界面

3. 一键查杀

（1）在金山杀毒主界面中单击"电脑杀毒"选项，然后单击"一键云查杀"按钮，此时金山杀毒软件会自动对计算机进行扫描，如图 7-39 所示。

图 7-39　一键云查杀界面

（2）扫描完成后可以看到扫描结果，然后单击"立即处理"按钮，如图 7-40 所示。

图 7-40　扫描结果和立即处理界面

（3）处理完成后即可看到图 7-41 所示的提示。

图 7-41　处理完成界面

4. 指定查杀位置

（1）单击"一键云查杀"按钮旁的下拉钮，然后单击"指定位置查杀"选项，如图 7-42 所示。

（2）在打开的对话框中选择扫描路径，如选中"本地磁盘 E"复选框，单击"确定"按钮，如图 7-43 所示。

图 7-42　制定查杀界面

图 7-43　选择查杀位置对话框

（3）此时金山毒霸开始对 E 盘进行扫描，如图 7-44 所示。

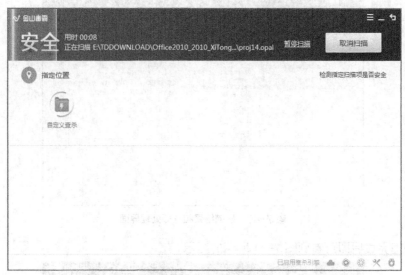

图 7-44 开始扫描界面

7.4 屏幕捕捉软件

捕捉屏幕是一个从屏幕显示上截取全部或者部分区域作为图像或者文字的过程。Windows 7 附件中安装了功能较强的"截图工具"。为给读者更多的选择，下面我们介绍两种功能强大的截图软件 HyperSnap 软件和红蜻蜓抓图精灵软件。

7.4.1 HyperSnap

HyperSnap 是一款非常优秀的屏幕截图工具，它不仅能抓取标准桌面程序，还能抓取 DirectX、3Dfx Glide 的游戏视频或 DVD 屏幕图，能以 20 多种图形格式（包括 BMP、GIF、JPEG、TIFF、PCX 等）保存并阅读图片，可以用快捷键或自动定时器从屏幕上抓图。在所抓取的图像中显示鼠标轨迹，收集工具，有调色板功能并能设置分辨率，还能选择从 TWAIN 装置中（扫描仪和数码相机）抓图。

1. HyperSnap 基本功能

（1）捕捉整个屏幕：打开应用程序主界面窗口，单击"捕捉全屏幕"按钮，即可捕捉到全屏幕。

（2）捕捉当前活动窗口：启动 Hyper Snap 应用程序，出现应用程序主界面窗口，单击"捕捉活动窗口"按钮，即可捕捉到"我的电脑"窗口。

（3）文本捕捉：单击"文字捕捉从区域捕捉文字"按钮，使用鼠标拖选界面中的文字部分后，松开鼠标，听到"喀嚓"声音后，该区域的文字就捕捉下来了。

2. HyperSnap 主界面

HyperSnap 7 主界面工作窗口如图 7-45 所示，主要包括捕捉设置、编辑、图像、设置等。

图 7-45 HyperSnap 主界面

3.设置屏幕捕捉热键

（1）启动 HyperSnap 7，在"屏幕设置"选项下单击"热键"按钮，如图 7-46 所示。

图 7-46 热键界面

（2）打开"屏幕捕捉热键"对话框，然后单击"自定义键盘"按钮，如图 7-47 所示。

（3）打开"自定义"对话框，在"键盘"选项下设置快捷键，如图 7-48 所示。

图 7-47 "自定义键盘"按钮界面

图 7-48 设置窗口

（4）完成后单击"关闭"按钮即可。

4.捕捉整个桌面

启动 HyperSnap 7，按下"PrintScreenSysRq"键或者"Ctrl+Shift+A"组合键，即可将整个桌面截取下来，如图 7-49 所示。

图 7-49 "截取整个桌面"操作界面

7.4.2 红蜻蜓抓图精灵

红蜻蜓抓图精灵（Rdf Snap）是一款完全免费的专业级屏幕捕捉软件，能够让用户得心应手地捕捉到需要的屏幕截图。

1. 红蜻蜓抓图精灵基本功能

（1）捕捉光标功能：在捕捉图像时捕捉鼠标光标。

（2）捕捉图像时隐藏主窗口：在捕捉图像时自动隐藏主窗口。

（3）播放捕捉成功提示声音：在捕捉完成时播放捕捉成功提示声音。

（4）捕捉图像预览功能：在捕捉完成后，显示预览窗口。

（5）延迟捕捉功能：有时用户不想在按下捕捉热键（按钮）后立即开始捕捉，而是稍过几秒钟再捕捉，就可以使用此功能来实现。

（6）使用画图编辑功能：当本软件提供的图像编辑功能不能满足用户需求时，用户可以选择使用画图编辑捕捉到的图像。

（7）区域闪烁显示功能：在选定控件捕捉时可以使选区边框闪烁显示。

（8）屏幕放大镜功能：在区域捕捉模式下能够显示屏幕放大镜，便于精确地进行图像捕捉。

（9）图像保存目录及格式设置功能：可以为捕捉的图像规定默认保存位置及图像格式，图像格式包括 BMP、GIF、JPG、PNG、TIF 等。

（10）图像文件自动命名功能：能够对捕捉到的图像进行自动命名保存，可以设置根据时间或文件名模板自动保存。

2. 红蜻蜓抓图精灵主界面

红蜻蜓抓图精灵主界面工作窗口如图 7-50 所示，主要包括整个屏幕、活动窗口、选定区域、固定区域、选定控件、选定网页等。

图 7-50 红蜻蜓主界面

3. 设置显示倒计数秒

（1）在红蜻蜓抓图精灵主窗口中，单击"选项"选项，在弹出的下拉列表中选择"高级选项"，如图 7-51 所示。

（2）然后在"高级"栏下选中"捕捉图像前进行延迟"和"捕捉图像前延迟时间，显示倒数计秒"复选框，如图 7-52 所示。

图 7-51 选项菜单界面

图 7-52 高级选项界面

（3）在主界面中单击"捕捉"按钮时，窗口右下角会显示倒数计秒，如图 7-53 所示。

图 7-53 显示倒计时界面

4. 设置捕捉图像上添加水印

（1）在红蜻蜓抓图精灵主窗口中，单击"选项"选项，在弹出的下拉列表中选择"高级选项"，如图 7-54 所示。

（2）在"高级"栏下选中"捕捉图像上添加水印"复选框，如图 7-55 所示。

（3）打开"水印设置"对话框，在"时间水印"栏下选中"捕捉图像右下角添加时间戳"复选框，在"时间戳类型"栏下选中"日期和时间"单选按钮，然后单击"确定"按钮，如图 7-56 所示。

（4）在主界面中单击"捕捉"按钮时，捕捉后的图像会自动添加水印，如图 7-57 所示。

图 7-54　选项菜单界面

图 7-55　选取"捕捉图像上添加水印"界面

图 7-56　设置界面

图 7-57　添加水印效果界面

7.5　看图工具软件

使用一款好用的看图软件对我们的工作和学习来说是非常重要的，那么计算机看图软件哪个好呢？一款能随时放大、缩小、旋转、编辑图片的看图软件能够大大地提高我们的工作和学习效率，有些优质的看图软件还能支持很多图片格式，不用担心因格式不支持而要更换看图软件啦，以下是常用的热门并非常好用的计算机看图软件。

7.5.1 ACDSee

ACDSee 是使用最为广泛的看图工具软件之一，它提供了良好的操作界面，简单人性化的操作方式，优质的快速图形解码方式，支持丰富的图形格式，强大的图形文件管理功能等。大多数计算机爱好者都使用它来浏览图片。

1. ACDSee 基本功能

（1）多媒体应用及播放平台：在捕捉图像时捕捉鼠标指针。

（2）用全屏幕查看图形：在全屏幕状态下，查看窗口的边框、菜单栏、工具条、状态栏等均被隐藏起来以腾出最大的桌面空间，用于显示图片。

（3）文件批量更名：这是与扫描图片并顺序命名配合使用的一个功能，选中浏览窗口内需要批量更名的所有文件，单击批量后的下拉按钮，选择批量重命名进行操作。

（4）制作缩印图片：ACDSee 允许将多页的文档打在一张纸上，形成缩印的效果。在ACDSee 中允许将同一文件夹下的多张图片缩印在一张纸上。

（5）用固定比例浏览图片：有时候，得到的图片文件比较大，一屏幕显示不下，而有时候所要看的图片又比较小，以原先的大小观看又会看不清楚，使用 ACDSee 的放大和缩小显示图片的功能，可以以固定比例显示图片。

（6）为图像文件解压：图像文件有若干种格式，其中大部分格式都会对图像进行不同方式的压缩处理，即在使用某种格式来保存图像时，也会对图像进行自动压缩。

2. ACDSee 主界面

ACDSee 主界面工作窗口如图 7-58 所示，主要包括管理、查看和编辑等。

图 7-58　ACDSee 主界面

3. 批量重命名

（1）选中需要重命名的图片，单击"批量"后的下拉按钮，在弹出的下拉列表中选择"重命名"选项，如图 7-59 所示。

（2）打开"批量重命名"对话框，在"模板"选项下，选中"使用模板重命名文件"复选框，然后在文本框中输入数值，如输入"2013"，如图 7-60 所示。

图 7-59　重命名选项界面

图 7-60　设置模板界面

（3）单击"搜索和替换"选项卡，分别在"搜索"和"替换为"文本框中输入数值，如图 7-61 所示。

图 7-61　设置窗口

（4）单击"开始重命名"按钮，软件自动对选中的图片进行重命名，如图 7-62 所示。

图 7-62　开始重命名界面

（5）单击"完成"按钮，即可在主窗口中看到重命名后的图片，如图7-63所示。

4.编辑图片

（1）选中需要进行编辑的图片，单击"编辑"选项，在左侧窗口中单击"边框"选项，如图7-64所示。

（2）此时左侧窗口中会出现边框工具，根据需要对图片进行编辑，在右侧窗口中可以看到编辑效果，编辑完成后单击"完成"按钮，如图7-65所示。

（3）然后在左侧窗口中单击"保存"按钮即可，如图7-66所示。

图7-63　完成重命名界面

图7-64　编辑图片窗口

图7-65　预览编辑效果界面

图 7-66   保存窗口

7.5.2   2345 看图王

2345 看图王是强大的图片浏览管理软件，完整支持所有主流图片格式的浏览、管理，并对其进行编辑，支持文件夹内的图片翻页、缩放、打印，独家支持 GIF 等多帧图片的播放与单帧保存。

1. 2345 看图王基本功能与特点

（1）看图速度快：使用全球最快的强劲图像引擎，即使在低配置计算机上，也能闪电般地打开十几兆的大图片。

（2）超高清完美画质呈现：纤毫毕现，精密迅锐的图像处理，带给用户最真实的高清看图效果。

（3）缩略图预览：无须返回目录，可直接在看图窗口中一次性预览当前目录下的所有图片，切换图片更方便。

（4）鸟瞰图功能：采用美观易用的鸟瞰图功能，可以方便快捷地定位查看大图片的任意部分，可以直接用鼠标在鸟瞰图上进行快速缩放。

（5）鼠标指针翻页：鼠标移动到图片的左右两端，指针会自动变成翻页箭头，执行翻页更方便。

2. 2345 看图王主界面

2345 看图王主界面工作窗口如图 7-67 所示。

3. 浏览图片

（1）在主界面中单击"打开文件"按钮，在弹出的"打开"窗口中选择需要打开的图片，单击"打开"按钮，如图 7-68 所示。

（2）此时即可打开图片进行浏览，如图 7-69 所示。

图 7-67 2345 看图王主界面

图 7-68 选择图片窗口

图 7-69 浏览图片窗口

4. 启用鼠标指针翻页

（1）在主界面中单击"主菜单"按钮，在弹出的下拉列表中选择"设置"选项，如图 7-70 所示。

图 7-70　主菜单界面

（2）打开"设置-2345 看图王"对话框，在左侧窗口中单击"常规设置"选项，在"辅助看图工具"栏下选中"启用鼠标指针翻页"复选框，如图 7-71 所示。

图 7-71　设置窗口

（3）单击"确定"按钮，即可实现鼠标指针翻页，效果如图 7-72 所示。

图 7-72　指针翻页窗口

7.6　翻译软件

　　无论是我们平时浏览网页还是阅读文献都会或多或少遇到几个难懂的英文词汇，这时我们就不免要翻词典了。网上的词典工具分为两种：一种是离线词典，就是可以不用联网，只要下载安装并运行就可以方便取词；另外一种是在线翻译词典，它需要用户访问一个网站，而后输入要查找的词汇等。

7.6.1　金山词霸

　　金山词霸是一款免费的词典翻译软件，它最大的亮点是内容海量权威，收录了 141 本版权词典、32 万真人语音、17 个场景 2000 组常用对话。用户在阅读英文内容、写作、口语、单词复习等多个应用都可以使用它，其最新版本还支持离线查词，计算机不联网也可以轻松用词霸。

1. 金山词霸基本功能

　　（1）离线本地词典：计算机没联网，也可以使用词霸，因为下载金山词霸时，已经同时下载了英汉/汉英的词库，包含百万词条，可以满足基本查词需求。

　　（2）权威词典专业释义：包含 147 本版权词典，涵盖金融、法律、医学等多行业，80 万个专业词条，相当于随身携带一书柜的词典。

　　（3）真人发音：纯正英式、美式真人语音，特别针对长词、难词和词组，另外还有强大文本朗读（Text To Speech，TTS），中英文的句子都可以读。

　　（4）强大汉语词典：词霸内置超强悍汉语词典，从生僻字到流行语，发音、部首它全知道，还有笔画写字教学，对于诗词、成语、名言等，可以一键查阅经典出处。

　　（5）鼠标指针翻页：鼠标移动到图片的左右两端，指针会自动变成翻页箭头，执行翻页更方便。

2.金山词霸主界面

金山词霸主界面工作窗口如图 7-73 所示，主要包括词典、翻译、句库和资料中心等。

图 7-73　金山词霸主界面

3.快速翻译

（1）在金山词霸主界面中的文本框中输入需要查询的词或句子，如输入"海内存知己，天涯若比邻"，单击"查一下"按钮，如图 7-74 所示。

图 7-74　输入界面

（2）此时窗口中会出现查询到词的译文，如图 7-75 所示。

图 7-75　查询结果窗口

4. 设置翻译语言

（1）在金山词霸主界面中单击"翻译"选项，然后在文本框中输入需要翻译的内容，如输入"海内存知己，天涯若比邻"，如图 7-76 所示。

图 7-76　输入内容窗口

（2）单击"自动检测"语言后的下拉按钮，在弹出的下拉列表中进行选择，如选择"中文→日文"，如图 7-77 所示。

图 7-77　设置界面

（3）单击"翻译"按钮即可将输入的内容翻译成日文，如图 7-78 所示。

图 7-78　完成翻译界面

7.6.2　灵格斯词霸

灵格斯（Lingoes）是一款简明易用的免费翻译与词典软件，支持全球超过 80 多个国家语言的词典查询和全文翻译，支持屏幕取词、划词、剪贴板取词、索引提示和真人语音朗读功能，并提供海量词库免费下载，专业词典、百科全书、例句搜索和网络释义一应俱全，是新一代的词典与文本翻译专家。它能很好地在阅读和书写方面帮助用户，让对外语不熟练的用户在阅读或书写英文文章时变得更简单、更容易。

1. 灵格斯词霸基本功能

（1）屏幕取词：单击"翻译"选项标签，对鼠标屏幕取词进行设置。

（2）鼠标取词：将鼠标指针移到词上面时，再加上组合键即可翻译该词。

2. 灵格斯词霸主界面

灵格斯词霸主界面工作窗口如图 7-79 所示。

3. 全文翻译

（1）在主界面单击"全文翻译"按钮，在弹出的文本框中输入需要翻译的内容，如图 7-80 所示。

（2）然后设置翻译选项，如设置将中文简体翻译为法语，单击"翻译"按钮即可，如

图 7-81 所示。

图 7-79　灵格斯词霸主界面

图 7-80　输入翻译内容界面

图 7-81　开始翻译界面

4. 设置屏幕取词

（1）在主界面单击"设置"选项，如图 7-82 所示。

（2）打开"系统设置"对话框，切换到"取词"选项卡，单击"取词模式"下拉按钮，在弹出的列表中选择"鼠标右键按下"选项，如图 7-83 所示。

（3）单击"确定"按钮即可。

图 7-82　选中"设置"选项界面　　　　图 7-83　"系统设置"对话框

7.7　网络下载软件

下载工具是一种可以更快地从网上下载东西的软件。用下载工具下载时，可充分利用网络上的多余带宽，采用"断点续传"技术，随时接续上次中止部位继续下载，有效避免了重复操作，节省了下载者的连线下载时间。常用的下载工具有迅雷、网际快车等。

7.7.1　迅雷 7

迅雷下载软件，它本身并不支持上传资源，它只是一个提供下载和自主上传的工具软件，立足于为全球互联网提供最好的多媒体下载服务。迅雷的资源取决于拥有资源网站的多少，同时只要有任何一个迅雷用户使用迅雷下载过相关资源，迅雷就能有所记录。

1．迅雷 7 基本功能

（1）下载：浏览器支持将迅雷客户端登录状态带到网页中。

（2）离线下载：服务器代替计算机用户先行下载。

（3）"二维码下载"功能：在计算机中寻找想下载的文件，并轻松地下载到手机上。

（4）一键立即下载：操作简便，即便是通过手动输入下载地址的方式建立任务，也能一键立即下载。

2．迅雷 7 主界面

迅雷 7 的主界面工作窗口组成如图 7-84 所示，主要包括我的下载、迅雷新闻、迅雷看看、下载优先、网速保护、计划任务等。

3．新建下载任务

（1）在主界面中单击"新建"按钮，如图 7-85 所示。

（2）打开"新建任务"对话框，在"输入下载 URL"栏下输入下载地址，如图 7-86 所示。

图 7-84　迅雷 7 主界面

图 7-85　主界面中单击"新建"界面

图 7-86　输入地址窗口

（3）单击"继续"按钮的下拉按钮，在弹出的选项中单击"立即下载"选项即可下载，完成后如图 7-87 所示。

4. 添加计划任务

（1）在主界面下方单击"计划任务"，在弹出的选项列表中选择"添加计划任务"选项，如图 7-88 所示。

图 7-87　下载完成界面

图 7-88　添加计划任务

（2）打开"计划任务"对话框，在"设置任务执行时间"栏下进行设置，然后选择"开始全部任务"单选按钮，如图 7-89 所示。

（3）单击"确定计划"按钮后，主界面最下方会弹出"添加计划任务"提示，如图 7-90 所示。

图 7-89 设置任务窗口   图 7-90 页面提示界面

7.7.2 快车

快车（FlashGet）是一个快速下载工具，它的性能非常好，功能多，下载速度快，兼容 BT、传统（HTTP、FTP 等）等多种下载方式，全球首创的"插件扫描"功能，在下载过程中自动识别文件中可能含有的间谍程序及捆绑插件，并对用户进行有效提示。

1. 快车基本功能主界面

（1）绿色免费：不捆绑恶意插件，简单安装，快速上手。全球首创的下载安全监测技术（Smart Detecting Technology，SDT），在下载过程中自动识别文件中可能含有的间谍程序及灰色插件，并对用户进行有效提示。

（2）系统资源优化：在高速下载的同时，维持超低资源占用，不干扰用户的其他操作。

（3）自动调用杀毒软件：专注下载，与杀毒厂商合作，共创绿色环境；文件下载完成后自动调用用户指定的杀毒软件，彻底清除病毒和恶意软件。

（4）奉行不做恶原则：不捆绑恶意软件，不强制弹出广告，简便规范地安装卸载流程，不收集、不泄露下载数据信息，尊重用户隐私。

（5）支持多种协议：全面支持 BT、HTTP、FTP 等多种协议，智能检测下载资源，HTTP/BT 下载切换无须手工操作，获取种子文件后自动下载目标文件。

2. 快车主界面

快车的主界面工作窗口组成如图 7-91 所示，主要包括新建、目录、分组和选项等。

图 7-91 FlashGet 主界面

3. 新建视频任务

（1）在主界面中单击"新建"后的下拉按钮，在弹出的下拉列表中选择"新建视频任务"选项，如图 7-92 所示。

（2）打开"新建视频下载任务"对话框，在"请输入视频页面地址"下的文本框中输入地址，单击"探测视频"按钮，如图 7-93 所示。

图 7-92 新建视频任务界面

图 7-93 探测视频窗口

（3）探测到视频后，页面中会自动显示文件名，单击"立即下载"按钮，如图 7-94 所示。

（4）此时开始下载视频，主界面窗口中会显示下载进度等信息，如图 7-95 所示。

图 7-94 立即下载界面

图 7-95 正在下载界面

4. 设置下载完成提示

（1）在主界面中单击"选项"按钮，如图 7-96 所示。

（2）打开"选项"对话框，在"基本设置"栏下单击"事件提醒"选项，如图 7-97 所示。

（3）进入"事件提醒"页面，在"任务完成"栏下选中"任务完成后气泡提示"和"任务完成后声音提示"复选框，如图 7-98 所示。

（4）单击"确定"按钮。

图 7-96 单击"选项"按钮

图 7-97 设置"事件提醒"窗口

图 7-98 完成设置窗口

7.8 数据克隆与恢复软件

数据恢复软件是指用户由于计算机突然死机断电、重要文件不小心删掉、计算机中毒、文件无法读取、系统突然崩溃、误操作、计算机病毒的攻击等软硬件故障下造成的数据损失的找回和恢复处理工具。由于计算机和网络的普及,人们越来越习惯于将工作和生活中资料、信息存储在计算机中。因为意外造成的计算机数据丢失有时会造成巨大的损失。因此数据恢复软件已经成为计算机用户数据安全性和完整性的重要保障。常见的数据恢复软件有EasyRecovery、安易恢复等。

7.8.1 EasyRecovery

EasyRecovery 是世界著名数据恢复公司 Ontrack 的技术杰作。它是一个硬盘数据恢复工具,能够帮助用户恢复丢失的数据以及重建文件系统。

1. EasyRecovery 基本功能

(1)误删除文件:恢复被永久删除的文件或目录。

(2)误格式化硬盘:恢复格式化前硬盘中的文件。

(3)U 盘手机相机卡恢复:应急抢救 U 盘中的文件。

(4)误清空回收站:恢复回收站中已清空的文件。

(5)硬盘分区丢失/损坏:抢救丢失分区中的文件,有效恢复误删除分区及重新分区后分区丢失,恢复分区丢失,整个硬盘变为一个分区。

(6)万能恢复:用深度恢复功能应急抢救文档、图片、视频等常用文件。

2. EasyRecovery 主界面

EasyRecovery 的主界面工作窗口组成如图 7-99 所示,主要包括误删除文件、误格式化硬盘、U 盘手机相机卡恢复、误清空回收站、硬盘分区丢失/损坏和万能恢复等。

3. 恢复误删除文件

(1)在主窗口中单击"误删除文件"选项,如图 7-100 所示。

(2)在打开的窗口中选择需要恢复的文件,如选择恢复 F 盘"txt"文件夹中的文件,如图 7-101 所示。

图 7-99　EasyRecovery 主界面

图 7-100　单击"误删除文件"界面

（3）单击"下一步"按钮开始扫描，扫描结束后选中需要恢复的文件，单击"下一步"按钮，如图 7-102 所示。

图 7-101　选择恢复文件窗口

图 7-102　选中需要恢复的文件界面

（4）在弹出的窗口中选择恢复路径，单击"下一步"按钮即可，如图 7-103 所示。

4. 万能恢复

（1）在 Easy Recovery 主界面中单击"万能恢复"选项，如图 7-104 所示。

图 7-103　选择恢复路径界面

图 7-104　万能恢复界面

（2）在打开的窗口中，在"请选择要恢复的分区或者物理设备"栏下进行选择，如选择"我的电脑"中的"凌波微步"，如图 7-105 所示。

（3）单击"下一步"按钮，开始扫描，如图 7-106 所示。

图 7-105　选择恢复盘符界面

图 7-106　开始扫描界面

（4）扫描结束后，选择需要恢复的文件，单击"下一步"按钮，如图 7-107 所示。

（5）在打开的页面中选择恢复路径，然后单击"下一步"按钮即可，如图 7-108 所示。

图 7-107　选择恢复文件窗口

图 7-108　选择恢复路径界面

7.8.2　安易恢复

安易恢复软件是一款文件恢复功能非常全面的软件，能够恢复经过回收站删除掉的文件、被"Shift+Delete"组合键直接删除的文件和文件夹、快速格式化/完全格式化的分区、分区表损坏、盘符无法正常打开的 RAW 分区数据、在磁盘管理中删除掉的分区、被重新分区过的硬盘数据、一键 Ghost 对硬盘进行分区、被第三方软件做分区转换时丢失的文件、把整个硬盘误 Ghost 成一个盘等。

1. 安易恢复基本功能

（1）超强的反删除能力：一般恢复软件往往恢复后打不开，本软件则自动对这种情况进行修正，更好地恢复出数据。

（2）全面反格式化：对被格式化的分区扫描时，同时搜索 FAT、FAT32、NTFS 和 exFAT 4 种文件系统的目录文件记录，在内存中构造出原先的文件目录结构，即使格式化前后分区类型发生改变也能扫描出原来的数据。

（3）快速扫描丢失的分区功能：对分区表损坏、重新分区、一键 Ghost 分成 4 个分区、整个硬盘 Ghost 成一个分区、盘符打不开提示未格式化的盘符，仅需要数分钟便可扫描出原来的分区进行恢复，大大减少数据扫描恢复的时间。

（4）按文件头扫描恢复功能：当文件记录被破坏后，是无法按原先的文件名来恢复的，本软件内置了多种按扩展名进行扫描的算法，支持 Office 文件、数码相片文件、视频文件、压缩包文件等多种文件格式。

（5）支持 ChkDsk 的恢复：有时候做了磁盘检查，正常的文件统一都变成了扩展名为*.chk 的文件，本软件能自动识别这种情况，按原来的文件类型自动把扩展名修正回来。

（6）新文件系统 exFAT 恢复功能：全面支持微软公司新推出的 exFAT 分区恢复，包括删除文件、删除目录、格式化、重新分区等多种情况。

（7）支持 RAW 类型分区的恢复：硬盘分区突然打不开，提示未格式化，变成了 RAW 分区，本软件可以很快地列出完整的根目录结构，目录文件的恢复效果非常好。

2. 安易恢复主界面

安易恢复的主界面工作窗口如图 7-109 所示，主要包括删除文件的恢复、格式化分区恢复/误 GHOST 到别的分区的恢复/分区转换的恢复、删除分区的恢复/重新分区的恢复/分区打不开提示需要格式化的恢复、高级模式恢复和打开上一次扫描。

图 7-109 安易恢复主界面

3. 误删除文件的恢复

（1）在主界面窗口中，单击"请选择合适的模式"栏下的"删除文件的恢复"选项，如图7-110所示。

图7-110　选择"删除文件的恢复"界面

（2）在打开的窗口中选择盘符，如选择D盘，单击"下一步"按钮开始扫描，如图7-111所示。

图7-111　选择盘符界面

（3）在扫描结果窗口左侧窗格中选择文件夹，此时右侧上部窗格显示的是该文件夹中丢失或被删除的文件，单击复选框选择需要恢复的文件，双击该文件，在右侧下部窗格可查看文件内容；单击"数据恢复"按钮即可将选中的文件恢复到原处，如图 7-112 所示。

图 7-112　扫描结果和数据恢复窗口

4.高级模式恢复

（1）在主界面中，单击选择"请选择合适的模式"栏下的"高级模式恢复"选项，如图 7-113 所示。

图 7-113　选择"高级模式恢复"界面

（2）在打开的窗口中单击 D 盘后的"设置范围"，如图 7-114 所示。

图 7-114　设置盘符及扫描范围界面

（3）单击"扫描范围设置"，打开"扫描范围设置"对话框，拖动鼠标滑块进行设置，完成后单击"确定"按钮，如图 7-115 所示。

图 7-115　设置范围窗口

（4）回到盘符及扫描范围设置窗口，可以看到选定盘符设置的范围，单击"下一步"按钮开始扫描，如图 7-116 所示。

（5）扫描结束后，选择恢复的文件，单击"数据恢复"按钮即可，如图 7-117 所示。

图 7-116　设置完成界面

图 7-117　开始恢复界面

本章小结

本章介绍了驱动管理软件"驱动精灵"和"驱动人生",压缩软件"WinRAR"和"2345好压",杀毒软件"360杀毒"和"金山毒霸",屏幕捕捉软件"HyperSnap"和"红蜻蜓抓图精灵",看图软件"ACDSee"和"2345看图王",翻译软件"金山词霸"和"灵格斯词霸",网络下载软件"迅雷7"和"快车",数据克隆与恢复软件"EasyRecovery"和"安易恢复"等在计算机使用、保护和维护方面常用的工具软件的功能和使用方法。这些软件功能强大,使用简便。掌握这些软件的使用技巧可以极大地提高读者使用计算机工作的效率和安全性。

参考文献

1. 张青，何中林. 大学计算机基础教程. 西安：西安交通大学出版社，2014.
2. 邓浩，成洋. Office2010 办公自动化案例教程. 北京：高等教育出版社，2014.
3. 赖利君，张朝清. 信息技术基础项目式教程. 北京：人民邮电出版社，2014.
4. 崔淑鑫，徐翠娟. 计算机应用基础. 北京：科学出版社，2015.
5. 王正万，李远英. 计算机组装与维护. 成都：电子科技大学出版社，2011.
6. 高守平. 大学计算机基础教程. 上海：复旦大学出版社，2010.
7. 赵阶晨. 大学计算机基础教程. 北京：中国水利水电出版社，2011.
8. 姜文波. 大学计算机基础实践教程. 北京：人民邮电出版社，2013.
9. 钟良骥. 大学计算机基础实践教程. 北京：人民邮电出版社，2012.
10. 全国高校网络教育考试委员会办公室组. 计算机应用基础. 修订版. 北京：清华大学出版社，2013.
11. 蒿丽萍. 计算机应用基础. 北京：中央广播电视大学出版社，2013.